最新
JavaScript
精緻範例字典 A Must-have
JavaScript Dictionary

感謝您購買旗標書，
記得到旗標網站
www.flag.com.tw
更多的加值內容等著您…

<請下載 QR Code App 來掃描>

1. 建議您訂閱「旗標電子報」：精選書摘、實用電腦知識搶鮮讀; 第一手新書資訊、優惠情報自動報到。

2. 「更正下載」專區：提供書籍的補充資料下載服務, 以及最新的勘誤資訊。

3. 「網路購書」專區：您不用出門就可選購旗標書!

買書也可以擁有售後服務, 您不用道聽塗說, 可以直接和我們連絡喔!

我們所提供的售後服務範圍僅限於書籍本身或內容表達不清楚的地方, 至於軟硬體的問題, 請直接連絡廠商。

● 如您對本書內容有不明瞭或建議改進之處, 請連上旗標網站, 點選首頁的 讀者服務 , 然後再按右側 讀者留言板 , 依格式留言, 我們得到您的資料後, 將由專人為您解答。註明書名 (或書號) 及頁次的讀者, 我們將優先為您解答。

學生團體　訂購專線：(02)2396-3257 轉 361, 362
　　　　　傳真專線：(02)2321-2545

經銷商　　服務專線：(02)2396-3257 轉 314, 331
　　　　　將派專人拜訪
　　　　　傳真專線：(02)2321-2545

國家圖書館出版品預行編目資料

最新 JavaScript 精緻範例字典：對應 ECMAScript
新語法規則 / 楊東昱 作. – 第二版. –
臺北市：旗標, 2017.07　　面；　公分

ISBN 978-986-312-448-1(平裝附光碟片)

1. JavaScript (電腦程式語言)

312.32J36　　　　　　　　　　　106007976

作　　者／楊東昱

發 行 所／旗標科技股份有限公司

　　　　　台北市杭州南路一段15-1號19樓

電　　話／(02)2396-3257(代表號)

傳　　真／(02)2321-2545

劃撥帳號／1332727-9

帳　　戶／旗標科技股份有限公司

監　　督／楊中雄

執行企劃／張根誠

執行編輯／張根誠

美術編輯／林美麗

封面設計／古鴻杰

校　　對／張根誠

新台幣售價：490 元

西元 2017 年 7 月初版

行政院新聞局核准登記-局版台業字第 4512 號

ISBN 978-986-312-448-1

版權所有‧翻印必究

序

P r e f a c e

這不只是方便查詢程式碼的書、本書也是一本能幫助您學習撰寫 JavaScript 的書！目前，市面上國人自己創作的 JavaScript 相關書籍，都是將網路上已經出現、公開的 JavaScript 程式集合起來收錄成書，實際方便您查詢或學習 JavaScript 程式設計的書少之又少，如果要學習 JavaScript 程式設計，不是找原文書，就是找翻譯書。

本書列出最常用到的 JavaScript 語法，附上詳細的程式碼解釋，不但教你怎麼用、怎麼改，還舉一反三以實際應用的範例，圖解說明此語法還能呈現出哪些網頁功能，望能對想學習 JavaScript 的各位有所助益，相信各位閱讀本書之後，都能自行撰寫出屬於自己的 JavaScript 程式。

楊東昱　2017

光碟使用說明

本書所附光碟提供了本書所有範例的原始網頁, 分別依照本書單元或物件分類放置於不同的資料夾, 讀者可以直接參考使用。

資料夾內的範例原始網頁, 可直接雙按網頁檔案以系統預設的關聯瀏覽器進行範例結果瀏覽, 或者您可以在網頁檔案上按下滑鼠右鈕, 選擇『開啟檔案』命令, 在開啟的功能表選單中選取特定的瀏覽器來進行瀏覽。

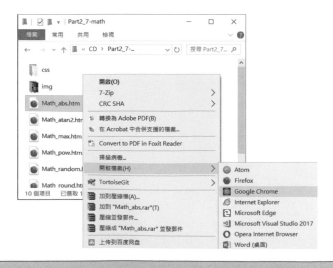

若要觀看範例的原始程式碼，則可使用記事本或其他文字、網頁編輯器（如免費的 Atom）來開啟網頁檔案，例如：在網頁檔案項目上按下滑鼠右鈕，於『開啟檔案』命令中選取記事本來開啟網頁檔案。

或是利用瀏覽器進行範例結果瀏覽時，執行『檢視原始檔』的方式察看範例的原始程式碼。

本書閱讀方式

架構說明

本書是工具書而非學習書，因此內容並無閱讀順序之分，您可依工作或課業學習需要，跳躍查閱。本書分為兩大部份，一為目錄索引，一為指令辭典，分述如下：

目錄索引

為方便查閱，本書提供下列 3 種索引方式：

1. 分類指令索引：將指令分類，列出同類型中相關指令及功能說明。

2. 範例索引：您可以依照各種不同的範例示範及使用目的，找到您要套用在網頁上的功能來使用。

3. 字母索引：列於本書最後，依字母順序 A － Z 列出所有指令，可以用來檢索特定指令的詳細說明與應用方式。

指令辭典

此部份依據分類指令索引，列出每個指令的功能說明、語法、使用方，以及參數、範例等欄位。您可由指令名稱查得其功能、使用方法及實際應用的範例。

以下為本書分類指令索引 5 大篇的簡介：

■ 基本語法：

介紹 JavaScript 基礎語言結構，由 Function（函數）開始（函數的撰寫是 JavaScript 程式的核心！），並介紹 JavaScript 程式碼撰寫方法與規則。例如如何在程式中使用變數、如何在程式中加入程式碼註解，以方便進行程式的維護與偵錯。

> TIP 本書假設各位讀者已經會使用 HTML，也曾經在網頁中使用過 JavaScript 程式。

■ JavaScript 物件：

本單元介紹與網頁文件（Document）內容無關之物件，或與 JavaScript 整體相關的物件，也就是 JavaScript 物件模型中「根」部分的物件使用。例如「Screen 物件」與使用者系統的螢幕有關（解析度，可視大小）；又如「Array 物件」是所謂的陣列物件，與 JavaScript 整體相關，而非僅限作用於某一特定物件。

■ HTML 物件：

在動態 HTML 中，網頁文件中的物件（組件）與屬性都可以透過程式控制。網頁文件中的物件皆有相對應的 HTML 標籤，也就是說：HTML 物件指的就是網頁文件中的 HTML 標籤，控制 HTML 物件的屬性等同設定、修改 HTML 標籤內的屬性。

在本篇中將介紹如何存取與使用網頁文件中的物件集合，及如何操控網頁文件中的個別物件。在此篇中也將示範如何製作不必等待伺服器回應，即可在使用者端進行處理的互動式表單。

此篇也介紹如何在 HTML 網頁文件中加入簡易的動態效果，例如讓 HTML 物件在 HTML 網頁文件中移動。

■ 事件處理器：

在 JavaScript 中物件事件的處理通常由函數（Function）執行，事件函數的基本結構與基礎函數全部一樣，這也就是函數介紹會列在第一篇第一個單元的原因了。

JavaScript 中的事件處理器（event handlers）是非常有用且功能強大的，事件處理器可以應用於許多的 HTML 物件之上，進而製作動態的 HTML 效果，而這些動態的效果的執行程序與結果呈現皆在使用者端進行。

■ 精選範例：

本單元精選 10 個目前各大入口網站、購物網站最受歡迎的 JavaScript 範例程式，供各位參考使用。

本書編排體例

指令 / 語法的物件分類

本指令 / 語法適用的瀏覽器版本

- split()

指令 / 語法名稱

Edge 25.x   IE 12.x   Chrome 57.x   Opera 44.x   FireFox 50.x

Part 02

String 物件

語法	split()

使用的目的及用途

使用目的	將字串分割成字串陣列

簡述指令的功能，
以及可以使用的參
數及方法等

說明	■ 依特定分隔字元將字串分割成字串陣列。若要將字串分割成單字字元陣列則分隔 字元為「""」(兩個雙引號相連)。

如何使用此指令 / 語法

語法結構	字串. split (分隔字元) 字串變數. split (分隔字元)

示範	myStr = "JAVASCRIPT 範例辭典 ". split(" ") 以分隔字元「" "(空白字元)」將字串分割成「JAVASCRIPT」、「範例辭典」兩個字串 並存入陣列變數 myStr 中。 myStr = mystring. split (",") 以分隔字元「","(逗號)」分割變數資料值並存入陣列變數 myStr 中。

學習範例　將字串轉換為陣列

以實際範例，告訴
您此指令 / 語法的
應用方式

將字串變數值以分隔字元「","(逗號)」分
割成字串陣列並列出陣列內元素。

列出範例的原始碼，
供您參考與套用

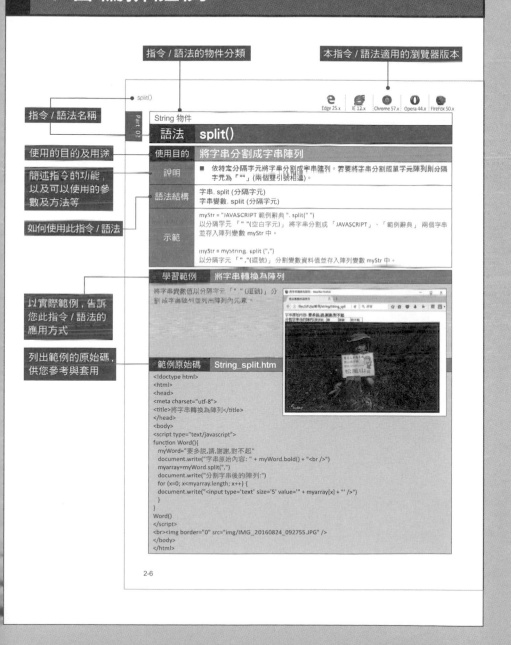

範例原始碼　String_split.htm

```html
<!doctype html>
<html>
<head>
<meta charset="utf-8">
<title>將字串轉換為陣列</title>
</head>
<body>
<script type="text/javascript">
function Word(){
  myWord="要多說,請,謝謝,對不起"
  document.write("字串原始內容: " + myWord.bold() + "<br />")
  myarray=myWord.split(",")
  document.write("分割字串後的陣列:")
  for (x=0; x<myarray.length; x++) {
  document.write("<input type='text' size='5' value='" + myarray[x] + "' />")
  }
}
Word()
</script>
<br><img border="0" src="img/IMG_20160824_092755.JPG" />
</body>
</html>
```

2-6

9

分類指令索引

PART 2	JavaScript 物件

String 物件

11

分類指令索引

分類指令索引

分類指令索引

分類指令索引

PART 4　事件處理器

PART 5　精選範例

範例索引

字母索引

字母索引

PART

0

JavaScript 簡介

JavaScript 概說

HTML （HyperText Markup Language）超文件標記語言是構成網頁的基礎。但是利用 HTML 標記語言所撰寫出來的網頁是死的，也就是說它沒有互動性，HTML 網頁經編寫完成後，網頁的內容、樣式…等等就固定了，除非它再經過編修，否則每次瀏覽網頁所看的畫面都將是固定的! 然而，若是加上 JavaScript 後就不一樣了。舉個例來說：瀏覽者在早上 8 點到中午 12 點時來到網站瀏覽網頁時，首頁背景將是紅色的，在其餘時間光臨時，網頁背景則是黃色的；這樣簡單的背景顏色變化很難嗎?不難，但是光靠 HTML 標記語言是做不到的，除非加上了 JavaScript（當然，使用 VBScript 或其他技術也行，不過，不在本書探討範圍）!

Netscape Communications 公司在 1995 年 12 月公開了一種解決靜態 HTML 窘境的解譯式程式語言，名為「JavaScript」。它是一種簡便高機能的語言，而且是針對網頁所開發出來的語言，與 HTML 關係密切，以增進網頁的互動性為主要目的。由 JavaScript 所完成的網頁程式並不需要透過模擬網路伺服器（例如 IIS；PWS…）的機制來開啟，因為瀏覽器本身就具有執行這些網頁應用程式的能力，所以可在用戶端電腦執行。早期，只有 Netscape 瀏覽器能支援 JavaScript 為客戶端網頁程式語言。而近期的瀏覽器皆已將 JavaScript 視為預設的客戶端網頁程式語言。

JavaScript 是內嵌於網頁的程式語言，具有事件處理器能擷取網頁中發生的事件，例如在網頁中移動滑鼠、按下表單中的按鈕。事件處理器可以對應這些事件而執行相對的程式敘述。JavaScript 可以控制 HTML 所定義的物件，亦可進行非 HTML 物件的存取，例如：偵測使用者螢幕設定的 Screen 物件。由於 JavaScript 易學易用，所以大受歡迎，因此微軟亦將 JavaScript 擴充到伺服端網頁。下圖為 HTML5 相關 APIs，僅供快速參考之用。圖片來源： https://commons.wikimedia.org/w/index.php?curid=36352535

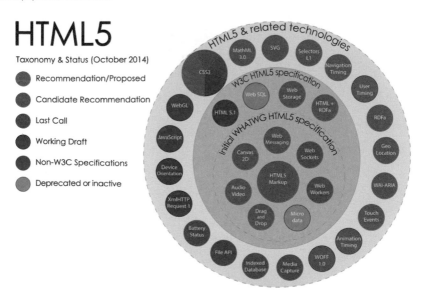

Script 標籤

我們所撰寫的 JavaScript 要放在哪?當然是放在網頁原始碼中, 但是 JavaScript 程式碼必須被包括在 <Script></Script> 這組標籤之內, 標籤中的大小寫並無任何影響, 但標籤內部的 JavaScript 程式碼必須區分大小寫;同時, 還需要在 <Script> 標籤內指明我們所使用的網頁程式應用語言。

```
<SCRIPT language=" JavaScript ">
//Script 程式敘述
</SCRIPT>
```

或是

```
<SCRIPT type="text/javascript">
//Script 程式敘述
</SCRIPT>
```

為什麼在 <Script> 標籤內需要指明我們所使用的網頁程式應用語言?因為還有其他種網頁程式應用語言也可以在網頁中應用, 例如:依據 Visual Basic 程式語言所發展出來的 VBScript, 為了使 Script 程式能順利執行, 所以必須指明所使用的網頁程式應用語言是哪一種。有些瀏覽器 <script> 標籤的預設語言就是 JavaScript /JScript, 所以「language="JavaScript"」、「type="text/javascript"」亦可以省略, 但若是使用 VBScript 則不可省略。

TIP:HTML5 規格標準中, 網頁標籤沒有大小寫的差別, 但建議依循舊規則標準, 在實際網頁文件實際撰寫時的網頁標籤建議使用小寫。

■ Script 標籤的位置

Script 標籤可以放在 HTML 網頁中的任何地方!當我們所撰寫的 JavaScript 程式碼被 <Script></Script> 這組標籤包括起來之後就變成了一支 JavaScript 程式!那這支 JavaScript 程式應該放在 HTML 文件(為避免誤會, 在本書後續一律將網頁原始碼稱之為 HTML 文件或網頁文件)的哪個位置呢? 答案是:都可以, 不管是放在文件的開頭區(<HEAD></HEAD> 標籤之間)或是網頁主體區(<BODY></BODY> 標籤之間), 但程式最好還是放在網頁文件位置的越前面越好, 因為電腦很笨!它解讀文件的順序是由上而下依序解讀, 若是我們的程式需要被使用, 但是電腦又還沒解讀到程式區段的敘述, 那麼就會發生錯誤。

```
<HTML>
<HEAD>
<TITLE> 基礎架構 </TITLE>
<Script language="JavaScript">
// 這裡放置我們所撰寫的 JavaScript 程式
</Script>
</HEAD>
<BODY>
```

```
網頁主體
<Script language="JavaScript">
// 這裡放置我們所撰寫的 JavaScript 程式
</Script>
</BODY>
</HTML>
```

或是

```
<HTML>
<HEAD>
<TITLE> 基礎架構 </TITLE>
<Script type="text/javascript">
// 這裡放置我們所撰寫的 JavaScript 程式
</Script>
</HEAD>
<BODY>
網頁主體
<Script type="text/javascript">
// 這裡放置我們所撰寫的 JavaScript 程式
</Script>
</BODY>
</HTML>
```

TIP：凡是包括在 <Script></Script> 這組標籤之內的文字都是不會被顯示在網頁中的！

函數（函式）

函數的撰寫可以說是 JavaScript 程式的核心，所謂函數 (function) 就是將會經常撰寫而重複執行的程式敘述區塊封裝起來成為一獨立的程式單元，以便增進程式的執行效能與節省程式開發的時間。

```
函數撰寫格式

funct ion 函數名稱(參數1, 參數2…)
{
函數程式區塊
}
```

要撰寫函數必須使用 function 這個保留字來宣告函數。

● 必須指定函數的名稱，若我們要使用函式，則我們必須呼叫此函數名稱。

● 在函數「( )」括號內給予指定參數，此參數是我們呼叫函數時所傳遞的訊息資料，在該函數內使用該參數就如同使用變數一般。

● 在函數「{}」大括號內所撰寫的程式敘述只在函數被呼叫使用時方會執行。

■ 呼叫函數

假設我們撰寫了一個函數如下：

```
function myfunction()
{ document .write(" 歡迎光臨！！" ) }
```

這個函數若單純的放置在 HTML 文件中將是毫無意義的，因為：函數沒有被呼叫使用，則函數內的程式敘述是不會被執行的！如果要使函數內的程式碼被執行，則我們必須呼叫該函數：

```
< HTML ><HEAD><TITLE> 呼叫函式 </TITLE></HEAD>
<BODY>
<SCRIPT type="text/javascript">
function myfunction()
{
document .write(" 歡迎光臨 !! ")
}
myf uncti on() / / 呼叫函式
</SCRIPT>
</BODY></ HTML >
```

由上例我們可以清楚的了解：若想要執行某個函數，只要直接呼叫其名稱即可！

■ 帶有參數的函數

在上一個範例的 myfunction() 函數中，我們並沒有使用「參數」，也就說：myfunction() 函數的內容（輸出問候語：歡迎光臨!!）永遠是固定而不會變化的，因為我們並沒有一個令函數產生變化的「參數（變數）」！為了使函數能有多樣化的功能，所以我們必須善加利用函數的「參數」：

```
< HTML ><HEAD><TITLE> 含有參數的函數 </TITLE></HEAD>
<BODY>
<SCRIPT type="text/javascript">
function myf uncti on(msg)
{
document.wr ite(msg)
}
myf unct ion( " 歡迎光臨 !! ") / / 呼叫函數
myfunction(" 親愛的網友 ") / / 呼叫函數
</SCRIPT>
</BODY></ HTML >
```

- 為函數指定 1 個參數 msg，在函數的程式敘述中將不會是輸出一段固定的字串，輸出的資料內容將隨參數 msg 而改變。

- 第一次呼叫函數時指定了一個參數值「歡迎光臨!!」給函數的參數 msg，此時函數內的程式敘述輸出了「歡迎光臨!!」這段字串。

- 再次呼叫函數，此時指定另一個參數值「親愛的網友」給函數的參數 msg，接著函數內的程式敘述輸出了「親愛的網友」這段字串，相同的資料輸出動作，但是輸出的結果卻是不同的。

■ 函數的回傳值

參數的傳遞並非是單向的，可以在呼叫函數時傳遞資料給函數，相對的，函數也可以傳遞資料給函數本身以外的程式或函數，怎麼讓函數有回傳值呢？很簡單，只要在函數結束之前，執行下列格式的敘述即可。

```
函數名 = 欲傳遞的回傳值
例如：撰寫一個 f(x) = x *2 + x 的函數。
function f( x)
{
f = x*2 + x
}
```

在上例子中：函數的名稱為 f，同時含有一個參數 x，因為希望函數能傳回運算式的運算結果，所以直接將「x * 2 + x」的運算結果指定給函數名稱 f！

TIP：函數名稱在函數裡面就如同是一個變數一般，而且是一個全域的變數！

變數

當我們要叫喚某人時，最簡單的方式就是叫她的「名字」；若我們把資料存入記憶體中由作業系統來幫我們管理，當我們要取用資料時，該如何通知呢，那就是給它變數，「變數」就代表這些資料的「名字」，變數是在程式碼中用來代替在記憶體中資料的位址，所以我們只要用變數來進行各種資料的運算與處理，而不必管它被存放的位置。

在使用變數之前，我們必須對變數進行宣告，宣告是告訴解譯器在程式執行時，幫我們先在記憶體中保留變數的使用空間，同時編譯器也可以幫我們檢查變數的使用是否正確，如果有錯誤發生，解譯器就會提示語法錯誤的訊息讓我們來改正錯誤。

要宣告變數，可分為 2 個主要部分：

1. 變數的名稱：替變數取個「名字」。

2. 變數的資料內容：也就是指定變數的初始值。

在宣告變數時，其實並不需要定義變數的資料型態!當我們指定資料值給變數時，其實就是在定義變數的資料型態，指定整數資料給變數，那麼該變數的資料型態就是整數，指定字串資料給變數，那麼該變數的資料型態就是字串；根據不同的變數使用時機，JavaScript 會自動識別變數內的資料是屬於何種資料型態!

```
var 變數名 = 變數值
```

TIP：var 保留字可省略，這稱作隱含宣告。

在宣告變數時，我們必須給變數一個「名字」，變數名稱可以隨便取，只要合乎下列規則即可：

1. 變數名稱的第一個字元必須是英文字母，其餘的部分可以是英文字母、數字、底線,其餘的符號則不能使用。

2. 保留字不得單獨作為變數名稱,但可包含在變數名稱之內,成為變數名稱的一部份,不過請儘量避免。

3. 變數名稱儘量是能代表其在程式中所扮演的角色。

4. 變數名稱有大小寫的差異,大小寫並不相同。

TIP：保留字（reserved word），它也是一個由字元組合而成的識別名稱,但是保留字是由程式語言事先加以定義、具有特殊意義或是使用規則的識別名稱,我們必須依照其原先已經定義的功能來使用,而不得移作他用! 例如「for」是預先定義的迴圈敘述保留字,我們就不能任意將它拿來使用,否則就會造成程式撰寫與執行上的錯誤。

■ 變數會因程式的執行而變動所存放的資料內容

例如

```
< HTML ><HEAD><TITLE> 可變動的變數值 </TITLE></HEAD><BODY>
<SCRIPT type="text/javascript">
    x= 3
    document.write( x )
    docuent.write( " < b r >" )
    x= 9
    document.write( x )
</SCRIPT>
</BODY></ HTML >
```

我們使用一個變數「x」,同時將變數 x 的值（也就是變數內所儲放的資料內容）指定為「3」,然後把變數 x 資料內容輸出到網頁中,則網頁出現一個「3」,接著我們將變數 x 的值指定為「9」,把變數 x 資料內容再次輸出到網頁中,網頁卻出現一個「9」,由此可知：在程式執行的過程中,變數的值是可變動的!

■ A = A + X？

假設 A = 2, X = 0, A = A + X 這樣的數學運算式是成立的, 若 X = 1 呢? 在我們的數學運算中它將是不成立的, 但是在我們電腦的運算規則中它卻是成立的! 為什麼? 因為在我們程式敘述中的「=」等號,跟我們們一般數學上的運算等號是不同的, 在程式敘述中的「=」等號是「指定」的意思!

舉例來說：

```
< HTML ><HEAD><TITLE> 指定變數值 </TITLE></HEAD><BODY>
<SCRIPT type="text/javascript">
    A=3
    X=2
    A=A+X
    document.write (A )
</SCRIPT>
</BODY></HTML>
```

在上例中，我們將先變數 A 的資料值指定為「3」；變數 X 的資料值指定為「2」，接著我們寫了一個算式「A = A + X」，奇怪！A 等於 2，A + X 等於 5，等號兩邊的值不同！程式寫錯了？因為我們程式是將變數 X 與變數 A 中存放的資料值取出來作加法運算，然後再將運算結果「指定」存入變數 A 中，所以當我們將變數 A 內的資料輸出到網頁中就獲得答案「5」。

■ 變數的有效範圍

如果沒有先行宣告變數就直接使用，則該變數 JavaScript 就直接將它歸類為「全域(Global)」變數！全域變數是任何屬於程式的物件都可以利用的，相對於全域變數還有另一種變數類型稱為：「區域 (Local) 變數」，區域變數的影響範圍就比較小，只限於宣告變數的函數內有效，當離開程式的執行函數返回主程式時，區域變數就會從記憶體中被釋放掉，該如何宣告全域及區域變數呢？其關鍵就在於變數宣告的位置！

例如：

```
< HTML ><HEAD><TITLE> 全域變數 </TITLE></HEAD><BODY>
<SCRIPT type="text/javascript">
        test = 5
        myfunction( 1 0 )
        document . write ( test )
        function myfunction(num)
        {
            test=num*2+num
        }
</SCRIPT>
</BODY></ HTML >
```

上例中最後的變數 test 輸出值為多少，當然不會是「5」了！因為 test 變數在此為全域變數任何屬於程式的物件都可以利用的，因此，呼叫函數後，變數 test 就被指定為函數運算結果「30」，而不是原來的「5」了！

若將程式改成這樣：

```
< HTML ><HEAD><TITLE> 區域變數 </TITLE></HEAD><BODY>
<SCRIPT type="text/javascript">
        test = 5
        myfunction( 1 0 )
        document.write( test )
        function myfunction(num)
        {
            var test
            test=num*2+num
        }
</SCRIPT>
</BODY></ HTML >
```

如此一來，test 變數值就依然維持為「5」，這代表我們在函數內所宣告的 test 變數跟函數之外的變數 test 一點關係都沒有！也就是說雖然變數名稱都是「test」，但是在函數內所使用的 「test」是個區域變數，而函數外所使用的「test」則是一個全域變數！

TIP ：在函數中使用變數時，若變數名稱與函數外之變數相同，請儘量使用 var 來宣告函數內的變數，以避免函數在執行過程中意外的改變了全域變數而造成整體程式執行的錯誤！

■ 脫逸字元

何謂脫逸字元？雙引號「"」就是一個脫逸字元，在 JavaScript 中它有特定的用途：用來包括字串，因此，若要將「"」雙引號當成字串的內容就必須在雙引號之前加上「\」反斜線，脫逸字元有些是可見的，有些是不可見的，簡單列表如下：

符號	控制碼符號	ASCII 值	說明
\?	?	3F	問號
\"	"	22	雙引號
\'	'	2C	單引號
\\	\	5C	反斜線
\a	BLE	07	響音
\b	S	08	退位（BackSpace）
\f	FF	0C	換頁
\n	LF	0A	換行 (Enter)
\r	CR	0D	游標回頭（歸位）
\t	HT	09	水平定位 (Tab)
\v	VT	0B	垂直定位
\0	NUL	00	空字元

例如要在交談窗中顯示的文字內容很多, 則可利用「\n」進行文字換行 :

```
<!doctype html>
<html>
<head>
<meta charset="utf-8">
<title> 脫逸字元 </title>
<script type="text/javascript">
    alert( " 「 " 」雙引號就是一個脫逸字元 ,\ n 在 javascript 中它有特定的用途 : \n 用來包括字串 ")
</script>
</head>
<body>
</body>
</html>
```

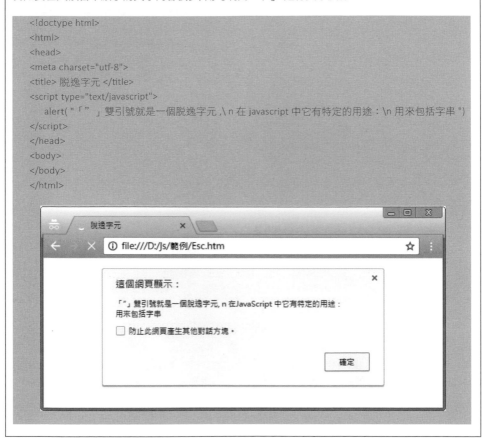

陣列

單純的變數一次只能存取一筆資料, 而陣列卻可以存取多筆資料!簡言之 : 陣列是一群變數的集合。如果我們有 3 筆不同的資料要利用單純的變數來存放, 則我們必須在程式撰寫中使用 3 個變數來分別存放資料 :

```
X=" 星期一 "
Y=" 星期二 "
Z=" 星期三 "
```

若使用 JavaScript 所提供的 Array() 陣列物件, 則可同時將上例中相同的 3 筆資料存放到陣列變數 test 中 :

```
test= new Array(" 星期一 "," 星期二 "," 星期三 ")
```

陣列的使用是必須「new」建構子建立出一個新的陣列變數方能使用!

```
陣列變數名 = new Array()
```

TIP：請注意：上列格式中 Array() 物件的「A」字母是大寫。

■ 陣列的存取

建立一個變數陣列之後, 可以將逐筆資料存入陣列中, 但是必須指定陣列元素的「索引」, 也就是說陣列變數內的每一筆資料就是一個陣列元素, 要存取這些陣列元素內的資料, 必須指定陣列元素的「編號」! 其方法就是在陣列變數後方加上「〔陣列索引〕」。

```
test[3] = " 星期四 "
```

或者：

```
test[ 0 ] = " x x x "
test[ 1 ] = " y y y "
test[2]=test [0]+test[1]                    // test[ 2 ] 資料為「xxxyyy」
```

可以在陣列變數建立後再將逐筆資料存入陣列中, 亦可將陣列變數內的資料在變數陣列建立時就將資料直接存放進去, 其格式如下：

```
陣列變數名 = new Array( 資料 1, 資料 2, …)
```

例如：

```
test= new Array(" 星期一 ", " 星期二 ", " 星期三 ")
```

當建立一個變數陣列之後, 這個變數陣列的內容, 是可以一次全部輸出, 在資料項之間將會有「,」逗號隔開：

```
<!doctype html>
<html>
<head>
<meta charset="utf-8">
<title> 輸出陣列 </title>
</head>
<body>
test 陣列內容：
<script type="text/javascript">
test= new Array()
test[0]=" 星期日 "
test[1]=" 星期一 "
test[2]=test[0]+test[1]
document.write(test)
</script>
</body>
</html>
```

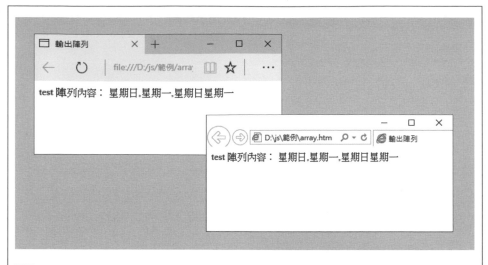

TIP：陣列變數內的元素索引編號是從「0」開始！

實例：利用日期物件 Date() 與 if 判斷敘述將 getDay() 方法所回應的數字轉換為正確的星期名稱。

```
<!doctype html>
<html>
<head>
<meta charset="utf-8">
<title>Arraydate</title>
</head>
<body><center>
今天是：
    <script type="text/javascript">
    test = new Array("星期日", "星期一", "星期二", "星期三", "星期四", "星期五", "星期六")
    now = new Date()
    weekday =now.getDay( )
        if (weekday == 0)
        { document.write(test[0])}
        if (weekday == 1)
        { document.write(test[1])}
        if (weekday == 2)
        { document.write(test[2])}
        if (weekday == 3)
        { document.write(test[3])}
        if (weekday == 4)
        { document.write(test[4])}
        if (weekday == 5)
        { document.write(test[5])}
```

```
            if (weekday == 6)
            { document.write(test[6])}
        </script>
<img src="img/IMG_20160210_213610_7CS.jpg" />
</body>
</html>
```

物件的屬性與方法

什麼是物件?舉凡你叫的出名字的「東西」都是物件!「汽車」 是不是物件? 當然是物件,「地球」 是不是物件? 地球」也是個物件, 那「日期」呢? 你還在思考喔!「地球」、「汽車」我們都看得到, 所以我們肯定它們是物件,「日期」是個無形的東西,但是它沒有實體, 所以你會遲疑, 可是「 日期」 這個東西確實是存在的, 而且你也叫得出名字,因此「 日期」 他肯定是個物件。

當您要購買一樣物品, 拿買車來說好了, 你會考慮什麼?廠牌、cc數、顏色、安全氣囊…等等, 對吧!沒錯, 您會把購車的條件規格列出清單, 請你記得: 在程式的設計過程中, 您就是造物者!因此程式物件的外貌要長什麼樣子就由您決定了, 而剛剛談的購車條件規格, 相對於我們的程式設計就是所謂的物件屬性了。黑色的車是車、紅色的車是車;黑色背景的網頁是網頁、紅色背景的網頁也是網頁, 不過規格屬性不同罷了。

物件與屬性之間的關係該如何來表示呢? 其語法架構如下:

```
物件 . 屬性
物件 . 屬性 = 屬性值
```

比如說：你希望你車子的顏色是黑的, 也就是說你車子的「顏色」屬性必須是黑色的,那我們就可以用下列敘述來表示：

```
車子. 顏色 = 黑色
```

以 JavaScript 的「window（視窗）」物件舉例說明：「window（視窗）」物件有一個「location」的屬性, 可用來指定開啟 HTML 文件的位置(即網址), 如果在 JavaScript 程式中加入了下列這段敘述, 則會將目前瀏覽的文件位置轉換到該網頁所在網站的首頁：

```
<HTML>
<HEAD>
<TITLE> 物件的屬性 </TITLE>
        <script type="text/javascript">
        window. location="/"
        </sript>
</HEAD>
<BODY>
網頁主體
</BODY>
</HTML>
```

事件

什麼叫做事件（Event）？舉例來說：衣服髒了、車子髒了, 我們就會「洗」衣服、「洗」車子, 我們對車子、衣服都做了「洗」這個動作, 這個「洗」的動作就是一個事件! 所以我們「聽」、「看」、「說」、「聞」….等等, 這些動作都是一個「事件」。簡言之：凡是加諸於「物件」上的「動作」都是「事件」。在電腦的世界中, 您按了一下滑鼠的按鍵, 這樣就產生了一個滑鼠敲擊 (Click) 的事件。

JavaScript 中的事件處理器 event handlers （或稱事件控制器）是非常有用而且功能強大的, 事件處理器可以應用於許多的 HTML 物件之上, 例如：超鏈結、圖片…等。一般而言：在 JavaScript 中, 事件控制並不放在 <script> 標籤中, 而是使用於 <HTML> 標籤中的。當某些動作產生時, 如：按下按鈕、移動滑鼠…等, 可以憑藉事件控制器來執行特定的 JavaScript 程式。在 <HTML> 標籤中的事件處理器撰寫格式如下：

```
name_of_handler = " JavaScri pt code here"
事件名稱 = " 程式碼 "
```

■ 常用的事件

事件	發生時機
onClick	單按滑鼠按鈕時
onDblClick	雙按滑鼠按鈕時
onMouseDown	按下滑鼠按鈕不放時
onMouseUp	放開滑鼠按鈕時時
onMouseover	滑鼠指標移入物件區域時
onMouseMove	滑鼠指標在物件區域中移動
onMouseout	滑鼠指標移出物件區域
onFocus	物件獲得操作焦點時
onBlur	物件失去操作焦點時
onKeyDown	按下鍵盤按鍵未放開時
onKeyUp	放開鍵盤按鍵時
onKeyPress	按下且放開鍵盤按鍵時
onSubmit	送出表單資料時
onReset	重置表單資料時
onSelect	當物件被選取時
onChange	當物件狀態改變時
onLoad	網頁文件載入時
onUnload	網頁文件關閉（結束網頁文件的瀏覽）時

運算子摘要

在 JavaScript 中有許多類型的運算子, 例如算術、邏輯、位元 (Bitwise)、設定…等, 各運算子間的優先順序亦有不同。

● 算術運算子：所有的算術運算子皆以數值資料為運算元計算，唯「＋」加法運串子當運算元為字串時, 亦可當串接運算子進行字串的串連。

符號	意義	範例	結果
+	加法	5+5	10
-	減法	10-5	5
*	乘法	5*5	25
/	浮點數除法	5/2	2.5
%	除法取餘數	5%2	1

● 遞增、遞減運算子：遞增、遞減運算子是將運算元依次遞增（＋1）或遞減（-1）運算後,再將結果指定給該運算元。

符號	用法	對應	回傳值
++	variable ++	variable += 1	變數增量前的值
--	variable--	variable-= 1	變數減量前的值
++	++ variable	variable += 1	變數增量後的值
---	-- variable	variable-= 1	變數減量後的值

● 比較運算子：用來進行兩組運算式或資料之間的比較,比較後的答案只有兩種結果：「true」、「false」,也就是「成立」與「不成立」,或者是「真」與「假」：

符號	意義	結果型態	範例A＝9；B＝6	結果
==	等於	布林	A==B；A==9	false；true
!=	不等於	布林	A!=B；A!=9	true；false
<	小於	布林	A<8；B<A	false；true
>	大於	布林	A>9；B>5	false；true
<=	小於或等於	布林	A<=9；B<=5	true；false
>=	大於或等於	布林	A>=9；B>=9	true；false
===	等於	布林	與等於、不等於運算子完全相同,但不會進行型別轉換,且必須是相同、不相同的型別才能視為相等、不相等。	
!==	不等於	布林		

● 邏輯運算子：

❖ And 邏輯運算子：當兩個運算式結果都為「真」時,結果才傳回「真」；只要有一個運算式的結果為「假」時,結果就傳回「假」。

❖ Or 邏輯運算子：兩個運算式結果只要有一個運算式的結果為「真」時,結果就傳回「真」。

❖ Not 邏輯運算子：若運算式結果為「真」時,結果傳回「假」；若運算式結果為「假」時,結果傳回「真」。

符號	意義	結果型態	範例 X＝true；Y＝false	結果
&&	而且（And）	布林	X && Y；X && X	false；true
||	或（Or）	布林	X || Y；Y || Y	true；false
!	反向（Not）	布林	!X；!Y	false；true

● 字串運算子

符號	意義	說明	範例	結果
+	連接	連結字串	"ABC"+ "DEF" "我"+ "ME"	"ABCDEF" "我ME"

● 指定運算子

符號	意義	說明	範例
=	等於	指定值給變數	X = 10 X = "ABC"

● 算術指定運算子

符號	用法	一般表示式	範例 a = 5；b = 3
+=	a += b	a = a+b	a=8
-=	a-= b	a = a-b	a=2
*=	a * = b	a = a*b	a=15
/=	a /= b	a = a/b	a=1
%=	a %= b	a = a%b	a=2

● 條件 (三元) 運算子 (?:)：根據條件傳回兩個運算式的其中一個。

```
test ? expression1 : expression2
```

　❀ test：布林條件式。

　❀ expression1：test 條件式為 true 時所傳回的運算式；test 條件式為 true 時的處理。

　❀ expression2：test 條件式為 false 時所傳回的運算式；test 條件式為 false 時的處理。

● new 運算子：建立新的物件。

```
new constructor [ ( [arguments] ) ]
```

　❀ constructor：物件建構函式。必要項。

　❀ arguments：物件建構函式的參數。選擇項。

● 「,」逗號：連續執行運算式。

```
expression1, expression2
```

● delete 運算子：刪除物件的屬性、移除陣列的元素。

```
delete expression
```

● 運算子的優先順序：

順序	運算子	說明
1	,	多重評估
2	=	指定
3	?:	條件式
4	||	邏輯運算OR
5	&&	邏輯運算AND
6	|	位元運算OR
7	^	位元運算XOR
8	&	位元運算AND
9	==、!=、===、!==	相等,不相等,完全相等,完全不等
10	<、<=、>、>=	小於,小於等於,
11	<<、>>、>>>	位元移位運算
12	+、-	加法和字串串連,減法
13	*、/、%	乘法,除法,除法取餘數
14	++、--、-、~、!、delete、new、typeof、void	遞增,減運算子, 傳回資料型別, 建立物件, 未定義的值
15	[]、()	欄位存取,陣列索引,函數

PART

1

基本語法

Edge 4x   IE 12.x   Chrome 5x   Opera 4x   FireFox 5x

Part 01

基本語法

語法　function{}

使用目的	宣告函數
說明	函數的撰寫可以說是 JavaScript 程式的核心, 所謂函數 (function) 就是將會經常撰寫而重複執行的程式敘述區塊, 封裝起來成為一獨立的程式單元, 以增進程式的執行效能與節省程式開發的時間。

語法結構	function 函數名稱(參數 1, 參數 2…) {
	函數程式區塊
	}
	
	■　要撰寫函數必須使用 function 這個保留字來宣告函數。
	■　必須指定函數的名稱, 若我們要使用函數, 則我們必須呼叫此函數名稱。
	■　在函數「（）」括號內給予指定參數, 此參數是我們呼叫函數時所傳遞的訊息資料, 在該函數內使用該參數就如同使用變數一般。
	■　在函數「{}」大括號內所撰寫的程式敘述只在函數被呼叫使用時方會執行。

示範	`functionfunction(){`
	`document.write("歡迎光臨!!")`
	`}`
	無參數函數, 函數被呼叫時直接印出文字訊息。
	
	`function myfunction(msg){`
	`document.write(msg)`
	`}`
	有參數函數, 函數被呼叫時印出參數內容。
	
	`function f(x){`
	`f = x*2 + x`
	`}`
	有參數函數, 函數被呼叫時回傳函數值。

學習範例　圖片切換 A

宣告一個改變圖片顯示內容的函數「changePic」, 該函數中帶有參數「PicUrl」用於改變圖片標籤 <img> 元件中所連結的檔案。在按鈕元件中取用「onClick」 事件, 當單按按鈕元件時, 即呼叫函數「changePic」, 並指定圖片檔案的來源, 進行圖片顯示的變換。

範例原始碼　Function_a.htm

```
<!doctype html>
<html>
<head>
<meta charset="utf-8">
<title>圖片切換</title>
<script type=" text/javascript">
function changPic(picUrl){
document.myPic.src=picUrl
}
</script>
</head>
<body>
<form name="myform">
<input type="button" value="大尖山" onClick="changPic('img/IMG_20160808_144649.jpg')" />
<input type="button" value="梨子腳山" onClick="changPic('img/IMG_20160808_124300.jpg')" />
</form>
<img name="myPic" border="0" src="img/IMG_20160808_144649.jpg" />
</body>
</html>
```

學習範例　圖片切換 B

在圖片標籤 <IMG> 元件中取用「 onMouseOver」、「onMouseOut」事件,利用滑鼠指標移進與移出的動作,進行圖片顯示的變換。

滑鼠指標移入前

滑鼠指標移入後

範例原始碼　Function_b.htm

```html
<!doctype html>
<html>
<head>
<meta charset="utf-8">
<title>圖片切換</title>
<script type="text/javascript">
function mouseIn(){
document.myPic.src="img/P_20161231_192956_LL.jpg"
}
function mouseOut(){
document.myPic.src="img/P_20161231_193324_LL.jpg"
}
</script>
</head>
<body>
<img name="myPic" border="0" src="img/P_20161231_193324_LL.jpg" onMouseOver="mouseIn()"
onMouseOut="mouseOut();" />
</body>
</html>
```

基本語法

語法	var
使用目的	宣告變數
說明	如果我們沒有先行宣告變數就直接使用,則此變數 JavaScript 就直接將它歸類為「全域(Global)」變數!全域變數是任何屬於程式的物件都可以利用的,相對於全域變數還有另一種變數類型稱為:「區域 (Local) 變數」,區域變數的影響範圍就比較小,只限於宣告變數的函數內有效,當離開程式的執行函數返回主程式時,區域變數就會從記憶體中被釋放掉。
語法結構	var 變數 =初始值
示範	var msg = "javascript" 宣告資料值為「javascript」且資料型態為字串的變數。 var myNum = 20 宣告資料值為「20」且資料型態為數值的變數。 var A = 20, B = 30 宣告資料型態皆為數值的變數A、B。

學習範例　宣告變數

變數「myNum」未經宣告就加以使用,就成了全域變數,呼叫函數後,其變數值被指定為運算結果,而非為原來的變數值。

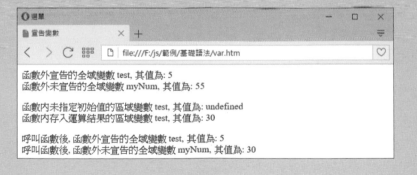

範例原始碼　　Var.htm

```
<!doctype html>
<html>
<head>
<meta charset="utf-8">
<title>宣告變數</title>
<script type=" text/javascript">
var test=5
myNum=55
document.write(" 函數外宣告的全域變數 test, 其值為: " + test + "<br />")
document.write(" 函數外未宣告的全域變數 myNum, 其值為: " + myNum + "<p>")
myfunction(10)
document.write(" 呼叫函數後, 函數外宣告的全域變數 test, 其值為: " + test + "<br />")
document.write(" 呼叫函數後, 函數外未宣告的全域變數 myNum, 其值為: " + myNum + "<p>")
function myfunction(num) {
var test
document.write("函數內未指定初始值的區域變數 test, 其值為: " + test + "<br />")
test=num*2+num
myNum=num*2+num
document.write(" 函數內存入運算結果的區域變數 test, 其值為: " + test + "<p>")
}
</script>
</head>
<body>
</body>
</html>
```

基本語法

語法	**return**
使用目的	回傳函數值或變數值
說明	要讓函數將處理結果傳回呼叫它的主程式區段, 可在函數即將結束之前, 使用「return」命令傳回特定的資料值成為函數的回傳值。
語法結構	return 函數回傳值
示範	function myfunction(){ 　　msg= "歡迎光臨ll" 　　return msg } 無參數函數, 函數被呼叫時回傳變數值。	function f(x){ 　　f = x*2 + x 　　return f } 有參數函數, 函數被呼叫時回傳函數值。

學習範例　　加法計算

在文字方塊內輸入兩數值, 單按「加法 計算」按鈕後, 呼叫「myFunction」函數輸出運算結果, 實際的運算結果由「subAdd」函數的傳回值所決定。

範例原始碼　**Return.html**

```html
<!doctype html>
<html>
<head>
<meta charset="utf-8">
<title>加法計算</title>
<script type="text/javascript">
function subAdd(){
subAdd=parseFloat(document.myForm.myNumA.value) + parseFloat(document.myForm.myNumB.value)
return subAdd
}
function myFunction(){
document.myForm.myNumC.value=subAdd()
}
</script>
</head>
<body background="img/bga.gif">

<form name="myForm">
<input type="text" name="myNumA" size="10" />+
<input type="text" name="myNumB" size="10" />=
<input type="text" name="myNumC" size="10" />
<input type="button" value="加法計算" onClick="myFunction()" />
</form>
</body>
</html>
```

基本語法

語法	// , /* ~ */

使用目的	程式註解
說明	註解就是指程式的說明文字, 方便於了解程式的結構與偵錯。程式編譯時, 註解文字與註解符號本身都不會被執行。JavaScript 的註解符號有兩種:單行註解 「//」 與多行註解 「/* ~ */」 。
語法結構	//註解 /* 註解… 註解 */
示範	// 這是單行註解" 在 「// (兩個左斜線) 」 之後的文字皆會被視為註解文字而不執行,其勢力範圍僅在一行有效。 /* 利用sqrt函數 印出變數的方根值 */ 在起始符號 「/*」 與終止符號 「*/」 之間的文字皆會被視為註解文字而不執行。

學習範例　　使用註解

凡是被加上註解符號 「//」 的單行程式敘述,或是被多行註解「/* ~ */」所包括的程式敘述區塊都不會被執行。

程式中被註解的敘述都未執行,只有我看的到

範例原始碼　Mark.htm

```
<!doctype html>
<html>
<head>
<meta charset="utf-8">
<title>使用註解</title>
</head>
<body>
<script type="text/javascript">
//下面這一行敘述將會在網頁中輸出一張圖片
document.write("<img src='img/IMG_20160815_152840.jpg' />")
/* 這張圖片是在2006年拍的
拍攝地點是在火車站的候車站台
徐徐的微風跟暖暖的冬日陽光讓人神清氣爽
這是我的旅遊感言,我可不想被人看到
*/
document.write("<br />")
//為了把圖片跟輸出的文字分行所以先輸出一個 <br/> 標籤
document.write("程式中被註解的敘述都未執行,只有我看的到")
</script>
</body>
</html>
```

Edge 4x | IE 12.x | Chrome 5x | Opera 4x | FireFox 5x

基本語法	
語法	**if ~ else**
使用目的	條件判斷處理敘述
說明	■ 「if ~ else」敘述的意思是說：「如果…就做…否則就…。」，也就是當條件式成立時做某事，條件式不成立時就做另外一件事。 ■ 當條件式不成立時不做任何事時，可省略 else 敘述。 ■ 當我們程式中必須設定多條過濾條件時，我們可以採逐條過濾的 else if 來篩選答案。

語法結構	if (條件式) {
	　　程式敘述區塊
	}
	省略 elee 敘述
	
	if (條件式){
	　　程式敘述區塊 A
	}else{
	　　程式敘述區塊 B
	}
	條件式成立執行程式敘述 A, 否則執行程式敘述 B
	
	If (條件式A) {
	　　程式敘述區塊 A
	} else if (條件式 B) {
	　　程式敘述區塊 B
	} …
	else{ 程式敘述區塊 n
	}
	當所有的條件式都無法成立時, 則執行「else」之後的程式敘述, 如果沒有「else」敘述區塊, 那麼當所有的條件都不符合時, 就直接跳離判斷敘述。

示範	if (beginhours>=9) document.write(" 現在是上班時間 ")
	單純 if 敘述
	
	if (beginhours>=9 && beginhours<=17){
	 document.write(" 現在是上班時間")
	}
	if 敘述區塊
	
	if (inpueX){
	 document.write("親愛的訪客你好!")
	} else{
	 document.write(" 親愛的會員: " + input + " 你好!")
	}
	標準 if ~ else 敘述區塊

```
if (myHour<=10) {
document.write(" 早安!")
} else if (myHour>10 && myHour<15) {
document.write(" 午安!")
} else {
document.write(" 晚安!")
}
逐條過濾條件敘述
```

學習範例　進站問候

判斷網友進站瀏覽網頁的時段, 依時段的不同輸出不同的問候語。

範例原始碼　If.html

```
<!doctype html>
<html>
<head>
<meta charset="utf-8">
<title>進站問候語</title>
</head>
<body>
<script type="text/javascript">
document.write("<center>")
now = new Date()
myH = now.getHours()
if (myH>=0 && myH<=4) {
  helloStr= "晚安，還沒有睡呀？！ ⊙.⊙"
  img="DTM_0059.jpg"
}else if(myH>=5 && myH<=6) {
  helloStr= "這麼早就起床囉～ ^__^"
  img="BTM_0040.jpg"
}else if(myH>=6 && myH<=9) {
helloStr= "真早啊～ p(^o^)q"
  img="WORK_004.jpg"
}else if(myH>=10 && myH<=11) {
  helloStr= "早安唷！ q "(^_^)" p"
  img="DTM_0059.jpg"
}else if(myH>=12 && myH<=16) {
  helloStr= "午安，你好啊～ \\(^o^)//"
  img="BTM_0040.jpg"
}else {
  helloStr= "晚安！吃飽了沒～ (^.^Y"
  img="WORK_004.jpg"
}
document.write("親愛的網友，" + helloStr + "<br />")
document.write("<img src='img/" + img + "' />")
document.write("</center>")
</script>
</body>
</html>
```

for

Edge 4x | IE 12.x | Chrome 5x | Opera 4x | FireFox 5x

Part 01 基本語法

基本語法

語法	for

使用目的	計次執行的迴圈敘述
說明	■ 當我們知道迴圈必須執行的次數時, for 迴圈敘述就是最好的迴圈敘述。 ■ 要使用 for 迴圈敘述就必須使用一個控制變數, 來決定迴圈敘述要執行的次數。

語法結構	for (計次變數=初值 ; 終止迴圈條件 ; 步進值) {
	　要重複執行的敘述區塊
	}

示範	for (x=0 ; x<10 ; x++){
	　y=y+x
	}
	計算 0 加到 9 的總和(遞增迴圈)
		y=1
		for (x=10 ; x<=1; x--){
		　y=y*x
		}
		計算 10x9...x1 的總和(遞減迴圈)

學習範例　利用雙迴圈印出圖案

利用 2 個遞增 for 迴圈呈現遞增的斜三角圖片群, 本例依序列出 1.gif ~ 5.gif 等 5 種圖片。

範例原始碼　For_a.htm

```
<!doctype html>
<html>
<head>
<meta charset="utf-8">
<title>利用雙迴圈印出圖案</title>
<script type="text/javascript">
for (x=1 ; x<=5; x++){
        for (y=1 ; y<=x; y++){
            document.write("<img src='img/" + x + ".gif' />")
            }
    document.write("<br />")
}
</script>
</head>
<body>
</body>
</html>
```

學習範例　　節日圖片變換

利用 2 個遞增 for 迴圈呈現遞增的斜三角圖片群, 本例依序列出 1.gif ~ 5.gif 等 5 種圖片。

範例原始碼　　For_b.htm

```
<!doctype html>
<html>
<head>
<meta charset="utf-8">
<title>登山圖片變換</title>
<script type="text/javascript">
function mountainChange(){
for (x=0 ; x<document.myForm.chRadio.length ; x++){
  if (document.myForm.chRadio[x].checked){
  document.mypic.src="img/" + document.myForm.chRadio[x].value
  }
 }
}
</script>
</head>
<body>
<form name="myForm">
<input type="radio" onClick="mountainChange()" name="chRadio" value="d1.jpg" />仙山
<input type="radio" onClick="mountainChange()" name="chRadio" value="d2.jpg" />向天湖山
<input type="radio" onClick="mountainChange()" name="chRadio" value="d3.jpg" />石牛山
<input type="radio" onClick="mountainChange()" name="chRadio" value="d4.jpg" />大屯山
</form>
<img name="mypic" src="img/d1.jpg">
</body>
</html>
```

基本語法

語法	**for ~ in**
使用目的	**計次執行的迴圈敘述**
說明	■ 用於處理物件的所有屬性。 ■ 迴圈中的控制變數為一個字串，而非數字，此控制變數用來臨時裝載元素資料值。

語法結構	for (變數 in 物件名) {
	　要重複執行的敘述區塊
	}

示範	for (x in document){
	　document.write(x + "\
	")
	}
	列舉 document 物件中全部的屬性
		for (x in window){
		　document.write(window[x] + "\
		")
		}
		列舉 window 物件中全部屬性的屬性值

學習範例　使用 for~in 敘述列舉物件屬性

利用 for~in 迴圈敘述列舉出系統中目前 document 物件的屬性值設定狀況。

列舉document物件的全部屬性值
location=file:///F:/js/%E7%AF%84%E4%BE%8B/statement/For_in.htm
fgColor=
linkColor=
vlinkColor=
alinkColor=
bgColor=
all=[object HTMLAllCollection]
clear=function clear() { [native code] }
captureEvents=function captureEvents() { [native code] }
releaseEvents=function releaseEvents() { [native code] }
implementation=[object DOMImplementation]
URL=file:///F:/js/%E7%AF%84%E4%BE%8B/statement/For_in.htm
documentURI=file:///F:/js/%E7%AF%84%E4%BE%8B/statement/For_in.htm
origin=null
compatMode=CSS1Compat
characterSet=UTF-8
charset=UTF-8
inputEncoding=UTF-8
contentType=text/html
doctype=[object DocumentType]
documentElement=[object HTMLHtmlElement]
xmlEncoding=null
xmlVersion=null

範例原始碼　　For_in.htm

```
<!doctype html>
<html>
<head>
<meta charset="utf-8">
<title>使用 for~in 敘述列舉物件屬性</title>
<script type="text/javascript">
document.write("列舉document物件的全部屬性值<br />".bold())
for (x in document){
document.write(x + "=" + document[x] + "<br />")
}
</script>
</head>
<body>
</body>
</html>
```

基本語法

語法	**do ~while**

使用目的	**有條件執行的迴圈敘述**
說明	■ 先執行迴圈內的敘述區塊, 直到迴圈的結尾才進行條件式的判斷。 ■ 當條件式不成立時, 迴圈敘述即停止執行。 ■ 迴圈內的敘述區塊至少會執行 1 次。
語法結構	do { 要重複執行的敘述區塊 }while(條件式)

小範	do {
	 x—
	document.write(x) }
	while(x>5)
	只要變數的值大於 5 就繼續執行迴圈敘述。

學習範例　有條件迴圈列印圖片

依使用者指定的數量列印圖片。

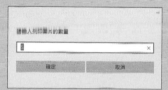 

範例原始碼　Do_while.htm

```
<!doctype html>
<html>
<head>
<meta charset="utf-8">
<title>有條件迴圈列印圖片</title>
<script type="text/javascript">
picNum = prompt("請輸入列印圖片的數量","5")
x = 0
do{
  x++
  document.write("<img src='img/pokemon.png' />")
}while(x<picNum)
</script>
</head>
<body background="img/hana.gif">
</body>
</html>
```

Edge 4x IE 12.x Chrome 5x Opera 4x FireFox 5x

基本語法

語法	**while**
使用目的	**有條件執行的迴圈敘述**
說明	■ 先進行條件式的判斷, 再執行迴圈內的敘述區塊。 ■ 當條件式不成立時, 迴圈敘述即停止執行。

語法結構	while(條件式){
	　要重複執行的敘述區塊
	　}

示範	while(x<=10){
	　y+=x x++
	　}
	只要變數的值小於或等於 10 就繼續執行迴圈敘述。

學習範例　　有條件迴圈列印圖片

利用亂數限制迴圈敘述的執行次數, 來輸出圖片。

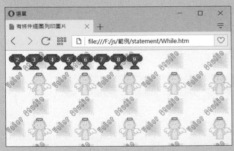

範例原始碼　　While.htm

```html
<!doctype html>
<html>
<head>
<meta charset="utf-8">
<title>有條件迴圈列印圖片</title>
<script type="text/javascript">
x = Math.floor(Math.random()*10)
while(x<10){
   document.write("<img src='img/" + x + ".gif' />")
   x++
}
</script>
</head>
<body background="img/hana.gif" />
</body>
</html>
```

基本語法

語法	**switch~case~(default)**
使用目的	宣告函數
說明	■ switch ~ case 敘述可以根據變數中的資料值來決定程式的執行流程, 其變數的型態可以是字元型態、整數型態…等。 ■ 當評估值與條件值不符合時, 若無預設值型區塊「default」則直接結束 switch 敘述。

語法結構	switch (評估值) {
	  case 條件值 1：
	    敘述區塊 1
	    break
	  case 條件值 2：
	    敘述區塊 2
	    break...
	  default:
	敘述區塊 n+1；
	}

示範	switch (color){
	  case "y".
	    document.write("\<body bgcolor=yellow>")
	  break
	  case "g":
	    document.write("\<body bgcolor=green>")
	  break
	  default:
	    document.write("\<body bgcolor=blue>")
	}
	依變數值作為評估值來比較條件值, 若變數值為「y」, 則將網頁背景顏色設定為黃色；若變數值為「g」, 則將網頁背景顏色設定為綠色, 其餘狀況則將網頁背景顏色設定為藍色。

學習範例　　依星期變換圖

範例原始碼　Switch.htm

```
<!doctype html>
<html>
<head>
<meta charset="utf-8">
<title>依星期變換圖片</title>
<script type="text/javascript">
document.write("<center>")
var now = new Date()
var weekDay = now.getDay()
switch (weekDay){
case 0:
document.write("今天是星期天,快樂的假日<br />")
document.write("<img src='img/s1.jpg' />")
break
case 6:
document.write("今天是星期六,快樂的假日<br />")
document.write("<img src='img/s2.jpg' />")
break
default:
document.write("今天是工作日<br>")
document.write("<img src='img/s3.jpg' />")
}
document.write("</center>")
</script>
</head>
<body>
</body>
</html>
```

Edge 4x IE 12.x Chrome 5x Opera 4x FireFox 5x

基本語法

語法	**continue**
使用目的	忽略迴圈內程式敘述, 重新開始執行迴圈敘述
說明	■ 在迴圈內的敘述區塊執行過程中, 若遇到 continue 敘述, 則強迫程式回到迴圈開始處繼續執行。 ■ continue 敘述只能應用於迴圈。
語法結構	continue

示範	for (x=0 ; x<10; x++){
	  if (x%2 ==1) continue
	document.write("<img src='img/" + x + ".gif'> /")
	}
	只有當變數值為偶數時才執行 continue 之後的迴圈敘述。

學習範例　　印出奇數的圖片

利用 continue 敘述印出奇數的相對應圖片, 偶數則直接以文字表示。

範例原始碼　　Continue.htm

```
<!doctype html>
<html>
<head>
<meta charset="utf-8">
<title>印出奇數的圖片</title>
<script type="text/javascript">
document.write(("只印出奇數的對應圖片").bold() + "<br />")
y = Math.floor(Math.random()*10)
for (x=0 ; x<=y; x++){
  if (x%2 ==0 ){
  document.write(x)
  continue
  }
          document.write("<img src='img/" + x + ".gif' />")
}
</script>
</head>
<body background="img/hana.gif">
</body>
</html>
```

Edge 4x

IE 12.x

Chrome 5x

Opera 4x

FireFox 5x

break

Part 01 基本語法

基本語法

語法	**break**
使用目的	終止迴圈內程式敘述,使程式跳到被結束之迴圈區塊之後的下一個程式敘述
說明	■ break 敘述會將所在位置最內圈的 do~while, while, for 與 switch 的程式區塊敘述終止執行。 ■ break 只能應用於迴圈或 switch~case 敘述之內。
語法結構	break

示範	for (x=0 ; x<10; x++){
	   if (x%2 ==1) break
	document.write("<img src='img/" + x + ".gif' />")
	}
	只要變數值為奇偶數時就結束整個迴圈敘述的執行。

學習範例　　亂數印出數字圖片

for 迴圈重複執行 10 次, 亂數印出對應數字的圖片, 當數字為 5 時強制中斷迴圈。

範例原始碼　　Break.htm

```html
<!doctype html>
<html>
<head>
<meta charset="utf-8">
<title>亂數印出圖片</title>
<script type="text/javascript">
document.write(("亂數印出對應的數字圖片,當數字為5時強制中斷迴圈").bold() + "<br />")
for (x=0 ; x<10; x++){
 y = Math.floor(Math.random()*9)
  document.write("<img src='img/a" + y + ".gif' />")
 if (y==5) break
}
</script>
</head>
<body background="img/mainbg.gif">
</body>
</html>
```

| Edge 4x | IE 12.x | Chrome 5x | Opera 4x | FireFox 5x |

基本語法

語法	**with**
使用目的	**多次參考物件的各個屬性, 而不需一再指定物件的名稱**
說明	■ 如果有一系列的敘述都作用在同一物件上, 則可使用 with 敘述一次指定全部敘述對此的物件參考。 ■ with 敘述可以使提高程式的執行速度, 並可避免重複輸入物件名稱的困擾。

語法結構	with(物件名稱){
	　　程式敘述區塊
	}

示範	with (document.myForm){
	　　myRadio[0].value="中秋節 "
	　　myRadio[1].value=holiday
	}
	將document.myForm這個表單中第 1 個單選鈕的值設為「中秋節」, 第 2 個單選鈕的值設為變數「holiday」的值。

學習範例　　密碼確認輸入

在函數 chkpasWord() 內使用 with 敘述指定物件名稱「document.myForm」, 免除程式敘述中重複輸入物件名稱的困擾。

範例原始碼　　With.htm

```
<!doctype html>
<html>
<head>
<meta charset="utf-8">
<title>密碼確認輸入</title>
<script type="text/javascript">
function chkPasWord(){
 with (document.myForm){
  if (pasWord1.value==pasWord2.value){
    alert("兩次密碼核對無誤,歡迎登入")
  }
 }
}
</script>
</head>
<body background="img/mainbg.gif">
<form name="myForm">
請輸入密碼:<input type="password" name="pasWord1" /><br />
請確認密碼:<input type="password" name="pasWord2" /><br />
<input type="button" value="提交" onClick="chkPasWord()" />
</form>
</body>
</html>
```

基本語法

語法	try ~ catch
使用目的	擷取在特定程式敘述區塊中發生的錯誤訊息
說明	■ 在 try 敘述區塊中加入可能發生錯誤的程式碼, 而 catch 敘述區塊則包含用來處理確實發生錯誤的程式碼。 ■ catch 敘述需有一個變數參數, 其初始值就是發生的錯誤值。 ■ 使用 try ~ catch 進行錯誤處理, 則 JavaScript 將不會把一般的錯誤訊息提供給使用者。

語法結構	try{
	　可能發生錯誤的程式敘述區塊
	}catch(變數參數){
	　處理確實發生錯誤的程式敘述區塊
	}

小範	try{
	　chkPasWord()
	}catch(showError){
	　alter("發生錯誤" + showError)
	}
	若執行函數 chkPasWord() 發生錯誤則把錯誤訊息顯示於提示窗。

學習範例　擷取錯誤訊息

使用 try 敘述呼叫函數 getError(), 嘗試輸出表單物件的值, 當函數中的敘述執行錯誤時, catch 敘述將擷取錯誤訊息顯示於交談窗中。

範例原始碼　Try.htm

```html
<!doctype html>
<html>
<head>
<meta charset="utf-8">
<title>擷取錯誤訊息</title>
<script type="text/javascript">
function getError(){
 document.write(myForm.text.value)
}
try{
 getError()
}catch(showError){
alert("發生錯誤" + showError)
}
</script>
</head>
<body>
</body>
</html>
```

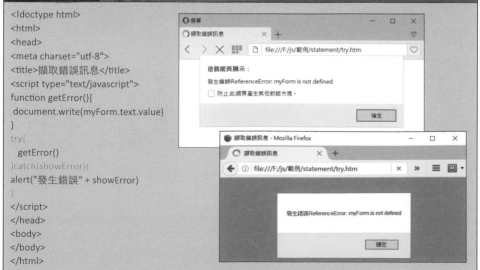

Edge 4x IE 12.x Chrome 5x Opera 4x FireFox 5x

基本語法

語法	finally
使用目的	當程式執行時, 在所有錯誤發生之後, 一定要執行的敘述
說明	■ 當錯誤狀況發生時, 程式會停止執行, 而控制權會交給最接近的錯誤處理敘述, 或許有幾行您希望被執行的程式敘述沒有被執行, 此時可以使用 finally 敘述區塊來非條件式的執行這幾行敘述。 ■ finally 程式敘述區塊一定會執行, 不論是否有錯誤狀況發生。

語法結構	try{
	 可能發生錯誤的程式敘述區塊
	}catch(變數參數){
	 處理確實發生錯誤的程式敘述區塊
	}finally{
	 不管錯誤發生與否都要執行的程式敘述區塊
	}

示範	try{
	chkPasWord()
	}catch(showError){
	alter("發生錯誤" + showError)
	} finally{
	document.write("與我無關 ")
	}
	
	不管執行函數 chkPasWord() 有無發生錯誤都會執行 finally 中的敘述。

學習範例　　錯誤處理

使用 try 敘述呼叫函數 getError(), 嘗試輸出表單物件的值, 當函數中的敘述執行錯誤時, catch 敘述將擷取錯誤訊息顯示於交談窗中, 不管函數 getError() 有無錯誤發生, 皆將瀏覽位置轉移至其他網頁。

範例原始碼　Finally.htm

```
<!doctype html>
<html>
<head>
<meta charset="utf-8">
<title>錯誤處理</title>
<script type="text/javascript">
function getError(){
 document.write(myForm.text.value)
}
try{
 getError()
}catch(showError){
 alert("發生錯誤" + showError)
}finally{
 window.location="http://forum.twbts.com"
}
</script>
</head>
<body>
</body>
</html>
```

Edge 4x | IE 12.x | Chrome 5x | Opera 4x | FireFox 5x

Part 01

基本語法

語法	**throw**
使用目的	產生一個程式敘述可處理的錯誤情況
說明	■ 使用 throw 敘述時可以不用加上參數, 除非 throw 敘述是包含在 try 敘述區塊內。 ■ 若 throw 敘述是包含在 try 敘述區塊內, throw 敘述會重新產生 catch 敘述所擷取的錯誤訊息。

語法結構	try{
	　可能發生錯誤的程式敘述區塊
	throw 參數
	}catch(變數參數){
	　處理確實發生錯誤的程式敘述區塊
	}

示範	try {
	　if (x == 0)
	throw "denominator=0";
	　}
	catch(e) {
	　if (e == "denominator=0") alert(" 分母不可為 0")
	　}
	
	判斷變數 x 的值是否為0, 如果為 0 則傳出一個例外的錯誤訊息, 此訊息將會被 catch 敘述所擷取利用, 若 catch 敘述的變數參數值等於 「denominator=0」, 則顯示 「分母不可為 0」於提示窗中。

學習範例　　自訂錯誤訊息

使用 try 嘗試執行敘述區塊, 判斷分母 的輸入值是否為 0, 若為 0 則利用 throw 敘述擲出一個自訂的錯誤訊息 「denominator=0」 給 catch 敘述。

範例原始碼　Throw.htm

```
<!doctype html>
<html>
<head>
<meta charset="utf-8">
<title>自訂錯誤處理</title>
<script type="text/javascript">
function myFunction(){
try{
  if(parseFloat(document.myForm.myNumB.value)==0)
throw "denominator=0"
  else document.myForm.myNumC.value=parseFloat(document.myForm.myNumA.value) /
parseFloat(document.myForm.myNumB.value)
}catch(showError){
  if (showError == "denominator=0") alert("分母不可為0")
}
}
</script>
</head>
<body background="img/bga.gif">
<form name="myForm">
<input type="text" name="myNumA" size="10" />/
<input type="text" name="myNumB" size="10" />=
<input type="text" name="myNumC" size="10" />
<input type="button" value="除法計算" onClick="myFunction()" />
</form>
</body>
</html>
```

學習範例　資料驗證

使用 try 嘗試執行敘述區塊, 判斷帳號與密碼的輸入是否正確, 若輸入資料錯誤則利用 throw 敘述拋出自訂的錯誤訊息給 catch 敘述。

範例原始碼 **Throw_a.htm**

```
<!doctype html>
<html>
<head>
<meta charset="utf-8">
<title>簡易資料驗證</title>
<script type="text/javascript">
function myFunction(){
try{
 if(document.myForm.ID.value != "test"){
   throw "idError"
 }else if(document.myForm.psw.value != "12345" ){
   throw "pswError"
 }else
 {
   alert("身分驗證通過")
 }
}catch(showError){
 if (showError == "idError") alert("帳號資料不符")
 if (showError == "pswError") alert("密碼資料不符")
 }
}
</script>
</head>
<body background="img/mainbg.gif">
<form name="myForm">
進入會員專區前,請先登入:<br>
帳號:<input type="text" name="ID" size="10" /><br />
密碼:<input type="password" name="psw" size="10" /><br />
<input type="button" value="身分驗證" onClick="myFunction()" />
</form>
</body>
</html>
```

PART

2

JavaScript 物件

Edge 4x | IE 12.x | Chrome 5x | Opera 4x | FireFox 5x

String 物件

語法	**length**
使用目的	取得字串長度（文字個數）
說明	■ 想得知字串的長度時可使用 String 物件的 length 屬性。 ■ length 屬性值為數值資料型態。 ■ length 屬性可用於字串, 亦可應用於字串變數
語法結構	字串. length 字串變數. length
示範	myStrlen = "JAVASCRIPT範例辭典". length 取得字串長度並存入變數 myStrlen 中。 myStrlen = myString. length 取得變數 myString 內的字串長度並存入變數 myStrlen 中。

學習範例　　限定資料輸入長度

要求使用者輸入 8 個字元以上的字串資料, 若長度不足則要求再次重新輸入。

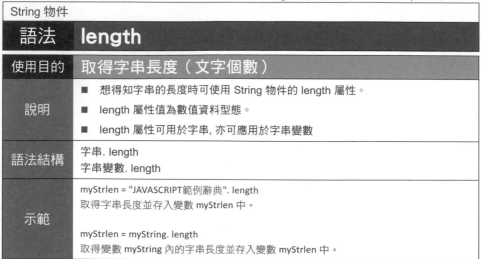

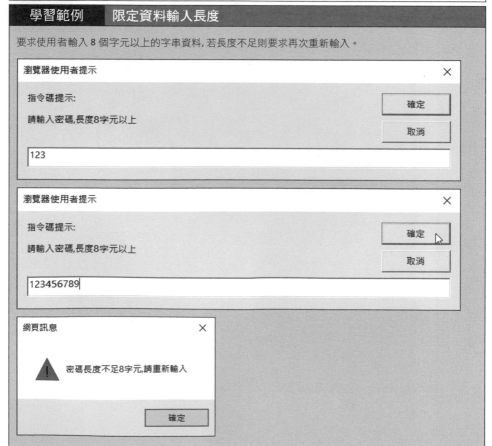

範例原始碼　String_length.htm

```
<!doctype html>
<html>
<head>
<meta charset="utf-8">
<title>限定資料輸入長度</title>
</head>
<body>
<script type="text/javascript">
function passWord(){
 myPass=prompt("請輸入密碼,長度8字元以上","")
 if (myPass.length >=8) {
   document.write("您輸入的密碼:" + myPass)
 }else{
   alert("密碼長度不足8字元,請重新輸入")
   passWord()
 }
}
passWord()
</script>
<br/><img src="img/nEO_IMG_DSC_0640.JPG" />
</body>
</html>
```

Edge 4x | IE 12.x | Chrome 5x | Opera 4x | FireFox 5x

Part 02

String 物件

語法	**charAt()**
使用目的	**取得字串中特定位置的字元**
說明	■ 一次只能取回字串中的 1 個字元。 ■ 字串中字元的位置編號由 0 開始。 ■ 若要一次取回字串中 1 個以上的字元,請使用 substr() 或 substring 方法。
語法結構	字串. charAt(字元位置編號) 字串變數. charAt(字元位置編號)
示範	myStr = "JAVASCRIPT範例辭典". charAt(6) 取得字串中位置編號 6 的字元並存入變數 myStr 中。 myStr = myString. charAt(5) 取得變數 myString 內位置編號 5 的字元並存入變數 myStr 中。

學習範例　　分割輸出字元

將使用者輸入的字串資料分割成單字元輸出。

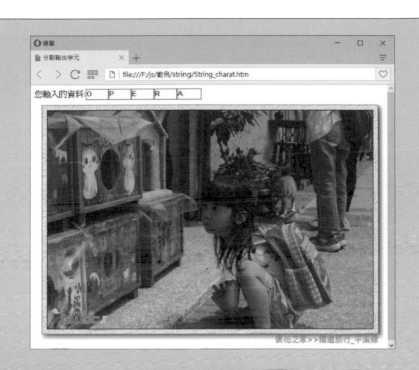

範例原始碼　String_charat.htm

```
<!doctype html>
<html>
<head>
<title>分割輸出字元</title>
</head>
<body>
<script type="text/javascript">
function Word(){
  myWord=prompt("請輸入您的意見","")
  document.write("您輸入的資料:")
  for (x=0; x<myWord.length; x++) {
  document.write("<input type='text' size='2' value='" + myWord.charAt(x) + "' />")
  }
}
Word()
</script>
<br /><img border="0" src="img/nEO_IMG_DSC_0820.JPG" />
</body>
</html>
```

Edge 4x | IE 12.x | Chrome 5x | Opera 4x | FireFox 5x

String 物件

語法	**split()**

使用目的	將字串分割成字串陣列
說明	■ 依特定分隔字元將字串分割成字串陣列。若要將字串分割成單字元陣列則分隔字元為「""」(兩個雙引號相連)。
語法結構	字串. split (分隔字元) 字串變數. split (分隔字元)
示範	myStr = "JAVASCRIPT 範例辭典 ". split(" ") 以分隔字元「" "(空白字元)」將字串分割成「JAVASCRIPT」、「範例辭典」兩個字串並存入陣列變數 myStr 中。 myStr = myString. split (",") 以分隔字元「" ","(逗號)」分割變數資料值並存入陣列變數 myStr 中。

學習範例　　將字串轉換為陣列

將字串變數值以分隔字元「","(逗號)」分割成字串陣列並列出陣列內元素。

範例原始碼　　String_split.htm

```
<!doctype html>
<html>
<head>
<meta charset="utf-8">
<title>將字串轉換為陣列</title>
</head>
<body>
<script type="text/javascript">
function Word(){
  myWord="要多説,請,謝謝,對不起"
  document.write("字串原始內容: " + myWord.bold() + "<br />")
  myarray=myWord.split(",")
  document.write("分割字串後的陣列:")
  for (x=0; x<myarray.length; x++) {
  document.write("<input type='text' size='5' value='" + myarray[x] + "' />")
  }
}
Word()
</script>
<br><img border="0" src="img/IMG_20160824_092755.JPG" />
</body>
</html>
```

| Edge 4x | IE 12.x | Chrome 5x | Opera 4x | FireFox 5x |

String 物件

語法	**substring() , slice() , substr()**

使用目的	取得字串中的子字串
說明	■ substring() 與 slice():在字串中擷取子字串, 子字串的長度由起始索引參數與終止索引參數所決定, 若未指定終止索引位置, 則取回起始索引參數所指定的位置之後全部字元。 ■ substr():依指定的字元取回數量, 由起始索引參數的位置開始擷取子字串, 若未指定字元取回數量, 則取回起始索引參數所指定的位置之後全部字元。
語法結構	字串. substring (起始索引, 終止索引) 字串. substr (起始索引, 取回的字元數量) 字串. slice (起始索引, 終止索引)
示範	myStr = "JAVASCRIPT 範例辭典 ". substring(7,11) 從字串的第 7 個索引到第 11 個索引位置擷取字元成為子字串 「IPT 範」 並將回傳的子字存入變數 myStr 中。 myStr = "JAVASCRIPT 範例辭典 ". substring(6) 從字串的第 6 個索引位置開始擷取字串之後的字元成為子字串 「RIPT 範例辭典」 並將回傳的子字串存入變數 myStr 中。 myStr = "JAVASCRIPT 範例辭典 ". substr(9) 從字串的第 9 個索引位置開始擷取字串之後的字元成為子字串 「T 範例辭典」 並將回傳的子字串存入變數 myStr 中。 myStr = "JAVASCRIPT 範例辭典 ". substr(9,4) 從字串的第 9 個索引位置開始擷取 4 個字元成為子字串 「T 範例」 並將回傳的子字串存入變數 myStr 中。 myStr = "JAVASCRIPT 範例辭典 ". slice(3,9) 從字串的第 3 個索引到第 9 個索引位置擷取字元成為子字串 「ASCRIP」 並將回傳的子字串存入變數 myStr 中。

學習範例　標題列文字跑馬燈

利用 substr 方法改變瀏覽器的標題文字, 本例以每次增加一個字元的方式呈現。

範例原始碼　String_substr.htm

```html
<!doctype html>
<html>
<head>
<meta charset="utf-8">
<title>標題列文字跑馬燈</title>
<script type="text/javascript">
  mystr="感謝購買與閱讀:JAVASCRIPT範例辭典"
  x=0
function chgTitle(){
  if (x<=mystr.length){
    document.title=mystr.substr(0,x+1)
    x++
    setTimeout("chgTitle()",500)
  }
}
</script>
</head>
<body onload="chgTitle()">
<img src="img/IMG_20160823_114101.JPG" />
</body>
</html>
```

學習範例　逐字增加與逐字減少字串內容

字串「感謝購買與閱讀: JAVASCRIPT 範例辭典」, 利用 substring 方法以每次增加 1 個字元的方式顯示於第一個文字欄位中, 利用 slice 方法以每次減少 1 個字元的方式顯示於第一個文字欄位中。

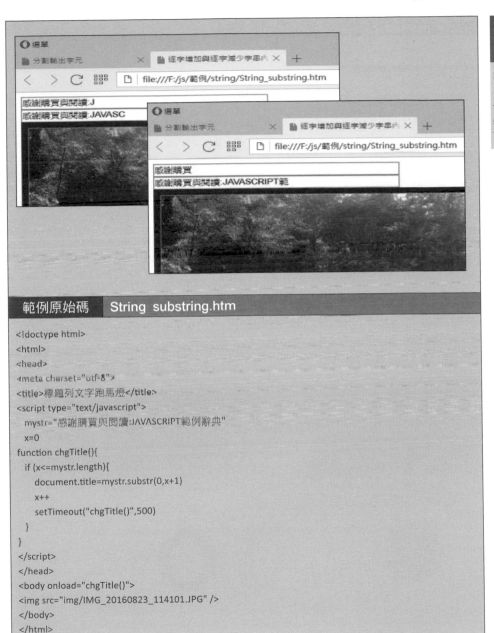

範例原始碼　String substring.htm

```html
<!doctype html>
<html>
<head>
<meta charset="utf-8">
<title>標題列文字跑馬燈</title>
<script type="text/javascript">
  mystr="感謝購買與閱讀:JAVASCRIPT範例辭典"
  x=0
function chgTitle(){
  if (x<=mystr.length){
    document.title=mystr.substr(0,x+1)
    x++
    setTimeout("chgTitle()",500)
  }
}
</script>
</head>
<body onload="chgTitle()">
<img src="img/IMG_20160823_114101.JPG" />
</body>
</html>
```

Edge 4x IE 12.x Chrome 5x Opera 4x FireFox 5x

Part 02

String 物件	
語法	**indexOf() , lastIndexOf()**
使用目的	**尋找特定的字串**
說明	■ indexOf()：在字串中尋找特定的子字串，如果找到該字串，則回傳子字串第一個字元的索引位置；如果沒有找到，則回傳值為 -1。 ■ lastIndexOf()：在字串中尋找特定的子字串，如果找到該字串，則回傳子字串最後一個字元的索引位置；如果沒有找到，則回傳值為 -1。 ■ 若無指定尋找子字串的搜尋起始位置參數，則從字串的第 1 個字元位置開始尋找。
語法結構	字串. indexOf(欲尋找的字串, 搜尋起始位置) 字串變數. indexOf(欲尋找的字串, 搜尋起始位置) 字串. lastIndexOf(欲尋找的字串, 搜尋起始位置) 字串變數. lastIndexOf(欲尋找的字串, 搜尋起始位置)
示範	myStr = "JAVASCRIPT範例辭典". indexOf（"VA"） 從字串的第 1 個位置開始尋找子字串「VA」並將回傳的子字串第一個字元索引位置存入變數 myStr 中。 myStr = "JAVASCRIPT範例辭典".lastindexOf（"Java", 4) 從字串的第 4 個位置開始尋找子字串「Java」並將回傳的子字串最後一個字元索引位置存入變數 myStr 中。

學習範例　判別使用者的瀏覽器

取得瀏覽器的名稱資訊, 顯示對應的瀏覽器識別圖片。

範例原始碼　　**String_index.htm**

```
<!doctype html>
<html>
<head>
<meta charset="utf-8">
<title>尋找字串索引</title>
</head>
<body>
<script type="text/javascript">
  myFlag=navigator.userAgent
document.write(myFlag + '<br />')
if (myFlag.indexOf("OPR") != -1) {
    document.write("Opera")
    document.write("<img src='img/opera.jpg' />")
} else if (myFlag.indexOf("Edge") != -1) {
    document.write("Microsoft Edge")
    document.write("<img src='img/edge.jpg' />")
} else if (myFlag.indexOf("Chrome") != -1) {
    document.write("Chrome")
    document.write("<img src='img/chrome.jpg' />")
} else if (myFlag.indexOf("Safari") != -1) {
    document.write("Safari")
    document.write("<img src='img/safari.jpg' />")
  } else if (myFlag.indexOf("Firefox") != -1) {
    document.write("Firefox")
    document.write("<img src='img/firefox.jpg' />")
}else{
    document.write("Microsoft Internet Explorer")
    document.write("<img src='img/ie.png' />")
}
</script>
</body>
</html>
```

Edge 4x IE 12.x Chrome 5x Opera 4x FireFox 5x

String 物件

語法	**match()**
使用目的	**在字串中取出符合特定某個正規表示式的子字串**

如果 match 方法找不到符合的項目, 會回傳 null, 如果找到符合的項目, 則 match 方法會傳回一個字串(陣列)。

正規表示式符號說明如下:

\	跳脫特殊字元
^	比對位於輸入字串開頭的位置
$	比對位於輸入字串終止的位置
*	比對前置字元或子運算式零次或更多次
+	比對前置字元或子運算式一次或更多次, 等效於 {1,}
?	比對前置字元或子運算式零次或一次
.	比對 "\n" 除外的任何單一字元
(x)	比對 x 並擷取比對的子運算式
x|y	比對 x 或 y
{n}	比對前置字元或子運算式 n 次, n 為一個正整數
{n,}	比對前置字元或子運算式至少 n 次, n 為一個正整數
{n,m}	比對前置字元或子運算式至少 n 次, 至多 m 次, m、 n 均為正整數
[xyz]	比對中括號內的任一個字元
[^xyz]	比對不在中括號內出現的任一個字元
[\b]	比對退位字元(Backspace character)
\b	比對英文字的字緣, 即介於文字與空格之間的位置
\B	比對非英文字的字緣
\cX	比對 x 指示的控制字元, x 值必須在 A-Z 或 a-z 範圍內
\d	比對任一個數字, 等於 [0-9]
\D	比對任一個非數字, 等於 [^0-9]
\f	比對換頁符號
\n	比對換行符號
\r	比對歸位符號
\s	比對任一個空白字元, 等於 [\f\n\r\t\v]
\S	比對任一個非空白字元, 等於 [^ \f\n\r\t\v]
\t	比對定位鍵字元, 等於 \x09 和 \cI
\v	比對垂直定位鍵字元, 等於 \x0b 和 \cK
\w	比對任何包含底線的文字字元, 等於 '[A-Za-z0-9_]'
\W	比對任何非文字字元, 等於 '[^A-Za-z0-9_]'
\ooctal	比對八進位, octal 是八進位數
\xhex	比對十六進位, hex 是十六進位數

說明

語法結構	字串. match (正規表示式的子字串) 字串變數. match (正規表示式的子字串)
示範	myStr = "JAVASCRIPT 範例辭典 ". match(/VA/g) 從字串「JAVASCRIPT 範例辭典」中尋找符合正規表示式「/VA/g」的子字串, 並將符合正規表示式的子字串存入變數 myStr 中, 正規表示式「/VA/g」中的「g」代表全域搜尋。 myStr = myString. match(myReg) 從字串變數中尋找符合正規表示式變數 myReg 的子字串, 並將尋找到的相符子字串存入變數 myStr 中。

學習範例   **驗證 E-Mail 的合法性**

請使用者輸入 E-Mail, 使用 match 方法配合正規表示式「/^. +@.+\..{2,3}$/」驗證 E-Mall 的合法性。

範例原始碼　String_match.htm

```html
<!doctype html>
<html>
<head>
<meta charset="utf-8">
<title>驗證E-Mail的合法性</title>
<script type="text/javascript">
email=prompt("請輸入一個合法的E-Mail","")
myReg = /^.+@.+\..{2,3}$/
if (email.match(myReg)){
    email=email.bold().fontcolor("#00FF00")
    myStr="你的E-Mail合法: " + email
}else{
    email=email.bold().fontcolor("#FF0000")
    myStr="你的E-Mail不合法: " + email
}
  </script>
</head>
<body>
<script language="javascript">
document.write(myStr)
</script>
<img src="img/IMG_20160824_092901.JPG">
</body>
</html>
```

String 物件	
語法	**replace()**
使用目的	**在字串中置換符合某個特定正規表示式的子字串**
說明	■ replace 方法可在字串中尋找某個特定正規表示式的子字串, 如果找到該子字串, 則以指定的子字串置換之, 然後傳回置換後的完整字串。 ■ replace 方法亦可在字串中尋找 String 物件或常值, 並加以置換, 然後傳回置換後的完整字串。
語法結構	字串. replace (欲置換的正規表示式的子字串, 置換後的子字串) 字串變數. replace (欲置換的正規表示式的子字串, 置換後的子字串)
示範	myStr = "JAVASCRIPT 範例辭典 ". replace("範例 ") 將字串「JAVASCRIPT 範例辭典 」中的「範例」置換為「Sample」然後將置換後的完整字串「JAVASCRIPT Sample辭典」存入變數 myStr 中。 myStr = myString. . replace(/[A]/g,"*") 從字串變數中符合正規表示式的子字串置換為「 * 」然後將置換後的完整字串存入變數 myStr中。

學習範例　　濾除不雅字句

使用 match 方法配合正規表示式「 /笨蛋|呆子/g 」尋找不雅的字句, 若有不雅的字句出現則使用 replace 方法將其置換。

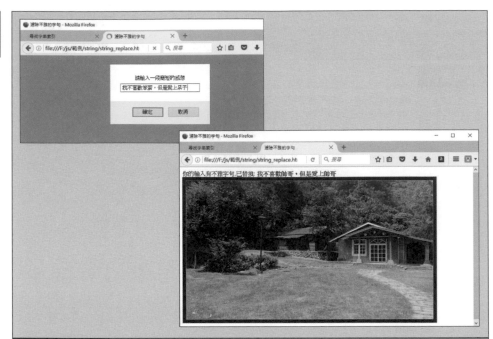

範例原始碼　String_replace.htm

```html
<!doctype html>
<html>
<head>
<meta charset="utf-8">
<title>濾除不雅的字句</title>
<script type="text/javascript">
yourMsg=prompt("請輸入一段簡短的感想","")
myReg = /笨蛋|呆子/g
if (yourMsg.match(myReg)){
    yourMsg=yourMsg.replace(myReg,"帥哥")
    yourMsg=yourMsg.bold().fontcolor("#FF0000")
    myStr="你的輸入有不雅字句,已替換: " + yourMsg
}else{
    yourMsg=yourMsg.bold().fontcolor("#0000FF")
    myStr="你的輸入沒有不雅字句,你說: " + yourMsg
}
 </script>
</head>
<body>
<script type="text/javascript">
document.write(myStr)
</script>
<br /><img src="img/IMG_20160824_102744.JPG" />
</body>
</html>
```

String 物件

語法	**search()**
使用目的	**取得符合特定正規表示式的字串索引位置**
說明	search 方法可在字串中尋找某個特定正規表示式的子字串, 並回傳該正規表示式的子字串索引位置。若字串中尋找不到符合的子字串, 則回傳 -1。 **TIP**: 一般子字串的搜尋請利用 indexOf() 或 lastIndexOf 方法。
語法結構	字串. search (正規表示式的子字串) 字串變數. search (正規表示式的子字串)
示範	myStr = "JAVASCRIPT 範例辭典 ". search(/a/i) 從字串「JAVASCRIPT 範例辭典」中尋找符合正規表示式「/a/i」的子字串, 並將回傳的子字串索引位置存入變數 myStr 中, 正規表示式「/a/i」中的「i」代表進行不分字母大小寫的搜尋。 myStr = myString.replace(myReg) 從字串變數中尋找符合正規表示式變數 myReg 的子字串, 並將回傳的子字串索引位置存入變數 myStr 中。

學習範例　　簡易身份證字號檢驗

使用 search 方法配合正規表示式 「/^[a-zA-Z]\d{9}$/」驗證身份証字號的通式, 判定使用者所輸入的身份證字號是否合法。

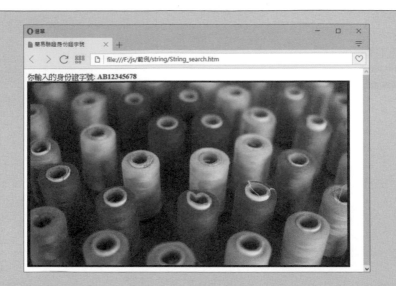

範例原始碼 **String_search.htm**

```
<!doctype html>
<html>
<head>
<meta charset="utf-8">
<title>簡易驗證身份證字號</title>
<script type="text/javascript">
yourID=prompt("請輸入身份證字號","")
myReg = /^[a-zA-Z]\d{9}$/
if (!yourID.search(myReg)){
    yourID=yourID.bold().fontcolor("#00FF00")
}else{
    yourID=yourID.bold().fontcolor("#FF0000")
    alert("你的身份證字號不合法")
}
 </script>
</head>
<body>
你輸入的身份證字號:
<script type="text/javascript">
document.write(yourID)
</script>
<br /><img src="img/IMG_20160823_105138.JPG" />
</body>
</html>
```

String 物件

語法	**fontcolor() , fontsize()**
使用目的	**字串的顏色與大小設定**
說明	■ fontcolor方法傳回一個在字串旁具有 color 屬性的 HTML <font> 標籤的字串，等同 HTML <font color=◎> 的標籤設定。 ■ fontsize方法傳回一個在字串旁具有 size 屬性的 HTML <font> 標籤的字串，等同 HTML <font size=◎> 的標籤設定。 TIP：字串的相關顏色、式樣與大小等方法可以複合使用。
語法結構	字串或字串變數. fontcolor (十六進位色彩值或是色彩名稱) 字串或字串變數. fontsize (指定文字大小的整數值)
示範	document.write("JAVASCRIPT 範例辭典 ". fontsize(7)) 將字串 「JAVASCRIPT 範例辭典」 依指定的文字大小 「7」 輸出。 document.write("JAVASCRIPT 範例辭典 ". fontcolor("#FF0000")) 將字串 「JAVASCRIPT 範例辭典」 依指定的十六進位的色彩值輸出。 document.write("JAVASCRIPT 範例辭典 ". fontcolor("green")) 將字串 「JAVASCRIPT 範例辭典」 依指定的色彩名稱輸出。

學習範例　　文字大小 / 顏色設定

取得使用者的瀏覽器名稱與瀏覽器使用者代理標題資訊，並將資訊加以文字大小、顏色設定來輸出。

範例原始碼　　String_fontcolor.htm

```
<!doctype html>
<html>
<head>
<meta charset="utf-8">
<title>文字大小/顏色設定</title>
</head>
<body>
<script type="text/javascript">
myAgent=navigator.userAgent
myApp=navigator.appName
myAgent=myAgent.fontcolor("red")
myApp=myApp.fontcolor("#0000FF").fontsize(5).bold()
document.write("瀏覽器名稱:" + myApp + "<br>")
document.write("瀏覽器代理標題:" + myAgent)
</script>
<br /><img src="img/P_20161120_135535.jpg" />
</body>
</html>
```

Edge 4x

IE 12.x

Chrome 5x

Opera 4x

FireFox 5x

Part 02

String 物件	
語法	**big(), small()**
使用目的	**將字串內的文字放大 / 縮小**
說明	■ big方法傳回一個在字串旁具有 HTML \<big\> 標籤的字串。 ■ small方法傳回一個在字串旁具有 HTML \<small\> 標籤的字串。 TIP：字串的相關顏色、式樣與大小等方法可以複合使用。
語法結構	字串或字串變數. big() 字串或字串變數. small()
示範	document.write("JAVASCRIPT 範例辭典 ". big()) 將字串「JAVASCRIPT 範例辭典」的文字大小放大 1 級輸出。 myStr= "JAVASCRIPT 範例辭典 ". small() 將字串「JAVASCRIPT 範例辭典」的文字大小縮小 1 級存入變數 myStr。

學習範例　　縮放字串中的文字大小

以日期、時區與時間格式取得時間的字串，並以小一級的文字輸出，字串「美麗的湖光山色」以大一級的文字輸出。

範例原始碼　　String_big.htm

```
<!doctype html>
<html>
<head>
<meta charset="utf-8">
<title>縮放字串中的文字大小</title>
</head>
<body>
<script type="text/javascript">
thisDate=new Date().toString()
thisDate=thisDate.small()
document.write("現在日期時間:<br>")
document.write(thisDate + "<br>")
document.write("美麗的湖光山色".big().fontcolor("#FF00FF") + "<br />")
</script>
<br /><img src="img/DSC03580.jpg" />
</body>
</html>
```

| Edge 4x | IE 12.x | Chrome 5x | Opera 4x | FireFox 5x |

String 物件

語法	**sup(), sub()**

使用目的	**上標 / 下標字串文字**
說明	■ sup方法傳回一個在字串旁具有 HTML `<sup>` 標籤的字串。 ■ sub方法傳回一個在字串旁具有 HTML `<sub>` 標籤的字串。 **TIP**：sup()、 sub 方法通常用於數學運算式或元素符號標記的場合。
語法結構	字串或字串變數. sup() 字串或字串變數. sub()
示範	document.write("JAVASCRIPT 範例辭典 ". sup()) 將字串 「JAVASCRIPT 範例辭典 」 的文字以上標字形式輸出。 myStr= "JAVASCRIPT 範例辭典 ". sub() 將字串 「JAVASCRIPT 範例辭典 」 的文字以下標字形式存入變數 myStr。

學習範例　　數學運算式或元素符號標記

以日期、時區與時間格式取得時間的字串, 並以上標文字輸出；以上標字輸出 3 的 「3」 次方；以下標字輸出水的成分 「H2O」。

sup(), sub()

範例原始碼　String.sup.htm

範例原始碼　String.sup.htm

```
<!doctype html>
<html>
<head>
<meta charset="utf-8">
<title>數學運算式或元素符號標記</title>
</head>
<body>
<script type="text/javascript">
thisDate=new Date().toString()
thisDate=thisDate.sup()
document.write("現在日期時間:")
document.write(thisDate + "<br />")
document.write("水的成分是: H" + "2".sub() + "0<br />")
document.write("3" + "3".sup() + "=27")
</script>
<br /><img src="img/DSC03607.jpg" />
</body>
</html>
```

Edge 4x | IE 12.x | Chrome 5x | Opera 4x | FireFox 5x

String 物件

語法	**bold(), fixed(), italics(), strike()**
使用目的	字串文字樣式設定
說明	■ bold 方法傳回一個在字串旁具有 HTML \<b\> 標籤的字串。 ■ fixed 方法傳回一個在字串旁具有 HTML \<tt\> 標籤的字串。 ■ italics 方法傳回一個在字串旁具有 HTML \<i\> 標籤的字串。 ■ strike 方法傳回一個在字串旁具有 HTML \<striket\> 標籤的字串。
語法結構	字串或字串變數. bold() 字串或字串變數. fixed() 字串或字串變數. italics() 字串或字串變數. strike()
示範	document.write("JAVASCRIPT 範例辭典 ". bold()) 將字串 「JAVASCRIPT 範例辭典」 的文字以粗體樣式輸出。 myStr= "JAVASCRIPT 範例辭典 ". strike() 將字串 「JAVASCRIPT 範例辭典」 的文字以加上刪除線的樣式存入變數 myStr。 myString. italics() 將字串變數內的文字加上斜體的樣式。

學習範例 文字樣式設定

將使用者輸入的字串資料,加上粗體、斜體與刪除線等變化,再個別輸出。

範例原始碼　　String_bold.htm

```html
<!doctype html>
<html>
<head>
<meta charset="utf-8">
<title>文字樣式設定</title>
</head>
<body>
<script type="text/javascript">
yourText=prompt("請輸入你的住址","")
document.write("原始樣式:")
document.write(yourText + "<br />")
document.write("粗體樣式:")
document.write(yourText.bold() + "<br />")
document.write("斜體樣式:")
document.write(yourText.italics() + "<br />")
document.write("刪除線樣式:")
document.write(yourText.strike() + "<br />")
</script>
<br /><img src="img/P_20160924_111642.jpg" />
</body>
</html>
```

Part 02　JavaScript 物件

String 物件

語法	**toUpperCase(), toLowerCase()**
使用目的	字串文字(英文字母)大小寫轉換
說明	■ toUpperCase 方法傳回所有字母字元都轉換成大寫的字串。 ■ toLowerCase 方法傳回所有字母字元都轉換成小寫的字串。
語法結構	字串或字串變數. toUpperCase() 字串或字串變數. toLowerCase()
示範	document.write("JavaScript 範例辭典 ". toUpperCase()) 將字串 「JavaScript範例辭典」 內所有字母字元都轉換成大寫, 輸出 「JAVASCRIPT 範例辭典」 。 myStr= "JAVASCRIPT 範例辭典 ". toLowerCase() 將字串 「JAVASCRIPT 範例辭典」 內所有字母字元都轉換成小寫存入變數 myStr。

學習範例　　字母大小寫轉換

將字串 「JaVa Script」 與瀏覽器版本資訊, 做大小寫轉換個別輸出。

範例原始碼　　**String_touppercase.htm**

```
<!doctype html>
<html>
<head>
<meta charset="utf-8">
<title>字母大小寫轉換</title>
</head>
<body>
<script language="javascript">
yourText="JaVa Script"
document.write("原始資料:")
document.write(yourText + "<br>")
document.write("字母大寫:")
document.write(yourText.toUpperCase() + "<br />")
document.write("字母小寫:")
document.write(yourText.toLowerCase() + "<br><br />")
document.write("原始資料:")
document.write(navigator.appVersion + "<br>")
document.write("字母大寫:")
document.write(navigator.appVersion.toUpperCase() + "<br />")
document.write("字母小寫:")
document.write(navigator.appVersion.toLowerCase() + "<br />")
</script>
<br /><img src="img/DSC04483.jpg" />
</body>
</html>
```

| Edge 4x | IE 12.x | Chrome 5x | Opera 4x | FireFox 5x |

String 物件

語法	**link(), anchor()**
使用目的	**建立字串文字的超連結**
說明	■ link 方法會傳回一個在字串文字旁邊具有 href 屬性的 HTML 超連結。 ■ anchor 方法傳回一個在字串文字旁具有 name 屬性的 HTML 超連結的字串。
語法結構	字串或字串變數. link(超連結網址) 字串或字串變數. anchor(超連結名稱)
示範	document.write("TWBTS". link("http://www.twbts.com")) 將字串 「TWBTS」 設定超連結到 「http://www.twbts.com」 。 myStr= "TWBTS". anchor("myweb") 為字串 「TWBTS」 建立具名的超連結名稱 「myweb」 。

學習範例　　字串超連結

為字串 「麻辣家族討論區」 設立網址 「http://gb.twbts. com」 的超連結, 並將此字串的超連結具名為
「BBS」 。

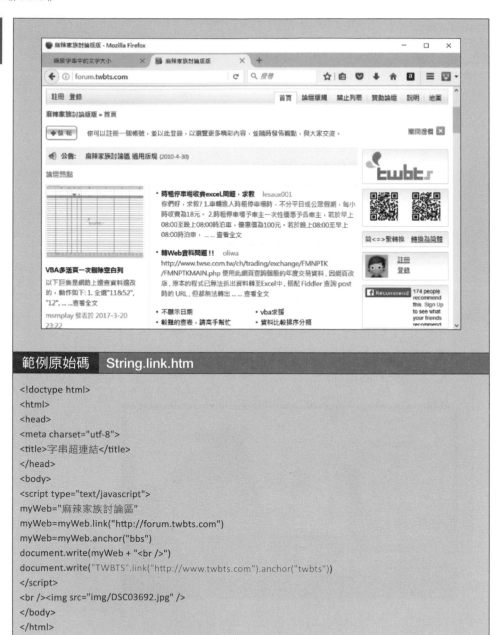

範例原始碼 String.link.htm

```html
<!doctype html>
<html>
<head>
<meta charset="utf-8">
<title>字串超連結</title>
</head>
<body>
<script type="text/javascript">
myWeb="麻辣家族討論區"
myWeb=myWeb.link("http://forum.twbts.com")
myWeb=myWeb.anchor("bbs")
document.write(myWeb + "<br />")
document.write("TWBTS".link("http://www.twbts.com").anchor("twbts"))
</script>
<br /><img src="img/DSC03692.jpg" />
</body>
</html>
```

Edge 4x	IE 12.x	Chrome 5x	Opera 4x	FireFox 5x

screen 物件

語法	**width, height**

使用目的	取得顯示器目前設定的寬度與高度 (螢幕區域、螢幕解析度)
說明	■ width 屬性會傳回顯示器目前的寬度設定值(水平解析度), 單位為「像素」。 ■ height 屬性會傳回顯示器目前的高度設定值(垂直解析度), 單位為「像素」。 ■ width、height 兩者的屬性值即是使用者顯示器的「螢幕解析度」(寬x高)。
語法結構	screen. width screen. height width、height 屬性值皆為**數值資料**。
示範	myNum = screen. width 取得使用者顯示器目前設定的寬度存入變數 myNum 中。 myNum = screen. height 取得使用者顯示器目前設定的高度存入變數 myNum 中。

學習範例　　偵測使用者螢幕的解析度

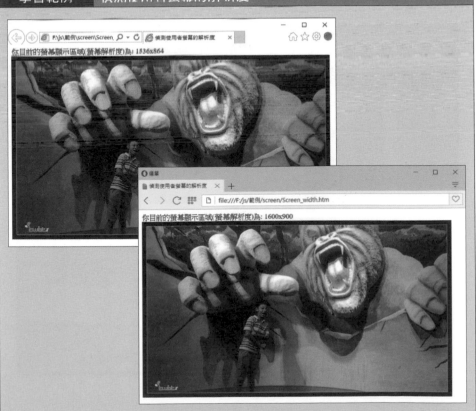

```
<!doctype html>
<html>
<head>
<meta charset="utf-8">
<title>偵測使用者螢幕的解析度</title>
</head><body>
<script type="text/javascript">
myWidth= screen.width
myHeight= screen.height
document.write("你目前的螢幕顯示區域(螢幕解析度)為: " + myWidth + "x" + myHeight)
</script>
<br /><img src="img/P_20161029_160446.jpg" />
</body>
</html>
```

學習範例　　偵測使用者螢幕的解析度

範例原始碼　Screen_width_a.htm

```
<!doctype html>
<html>
<head>
<meta charset="utf-8">
<title>依解析度設定網頁內文字大小與不同圖片顯示</title>
<script type="text/javascript">
myWidth= screen.width
myHeight= screen.height
if (myWidth <=800) {
  document.write("<style>")
  document.write("body {font-size: 9pt;}")
  document.write("</style>")
  document.write("<img src='img/b1.jpg' /><br />")
}else if(myWidth <=1024){
  document.write("<style>")
  document.write("body {font-size: 12pt; font-style: oblique;}")
  document.write("</style>")
  document.write("<img src='img/b2.jpg' /><br />")
}else{
  document.write("<style>")
  document.write("body {font-size: 14pt;}")
  document.write("</style>")
  document.write("<img src='img/b3.jpg' /><br />")
}
document.write("你目前的螢幕顯示區域(螢幕解析度)為: " + myWidth + "x" + myHeight)
</script>
</head>
<body></body>
</html>
```

Edge 4x | IE 12.x | Chrome 5x | Opera 4x | FireFox 5x

screen 物件

語法	**availWidth, availHeight**
使用目的	取得螢幕能夠讓視窗使用的最大寬度與高度
說明	■ avaliWidth 屬性會傳回螢幕目前可使用的寬度。 ■ height 屬性會傳回螢幕目前可使用的高度。
語法結構	screen. availWidth screen. availHeight availWidth、availHeight 屬性值皆為數值資料。
示範	myNum = screen. avaliWidth 取得螢幕可用寬度存入變數 myNum 中。 myNum = screen. avaliHeight 取得螢幕可用高度存入變數 myNum 中。 resizeTo(screen. avaliHeight , screen. avaliHeight) 調整視窗的寬、高度至螢幕的可用寬、高度。

學習範例　取得視窗的可用大小

範例原始碼　Screen_avaliwidth.htm

```
<!doctype html>
<html>
<head>
<meta charset="utf-8">
<title>取得視窗的可用大小</title>
</head><body>
當前螢幕數據：
<div id="demo"></div>
<img src="img/P_20160903_161527_HDR.jpg" />
<script type="text/javascript">

var txt = ""
txt += "<p>最大的寬度/高度: " + screen.width
+ "*" + screen.height + "</p>"
txt += "<p>可用的寬度/高度: " + screen.
availWidth + "*" + screen.availHeight + "</p>"
document.getElementById("demo").innerHTML
= txt
</script>
</body>
</html>
```

Edge 4x | IE 12.x | Chrome 5x | Opera 4x | FireFox 5x

screen 物件

語法	**colorDepth**
使用目的	取得螢幕能夠顯示的色彩數量(色彩品質)
說明	colorDepth 屬性會傳回螢幕目前能夠顯示的色彩數量, 可能值有 1、4、8、16、32, 例如屬性值為 1 則可顯示黑白兩色。 **TIP**:「1 位元 / 黑白」、「4 位元 /16 色」、「8 位元 /256 色」、「16 位元 / 高彩」與「24 位元 / 全彩」。
語法結構	screen. colorDepth
示範	myColor = screen. colorDepth 取得螢幕能夠顯示的色彩數量屬性值存入變數 myColor 中。 document.wrlte(" 色彩數量屬性值為 " + screen. colorDepth) 取得螢幕能夠顯示的色彩數量屬性值輸出到網頁中。

學習範例　色彩度偵測

2-33

範例原始碼　Screen_colordepth.htm

```
<!doctype html>
<html>
<head>
<meta charset="utf-8">
<title>色彩度偵測</title>
<script type="text/javascript">
colornum=screen.colorDepth
if(colornum == 1){
msg="1位元黑白雙色"
}else if(colornum == 4){
msg="4位元16色"
}else if(colornum == 8){
msg="8位元256色"
}else if(colornum == 16){
msg="16位元高彩"
}else{
msg="24位元全彩"
}
if (colornum<24){
alert("你目前的顯示器彩度為 "+msg+"\n請將色彩度調整在16位元以上")
}else{
alert("你目前的顯示器彩度為 "+msg+"\n符合本站色彩度要求")
}
document.write("你目前的顯示器彩度為 "+msg)
</script>
</head>
<body><br /><img src="img/DSC05701.jpg" />
</body></html>
```

Edge 4x	IE 12.x	Chrome 5x	Opera 4x	FireFox 5x

event 物件

語法	**keycode, which, button**
使用目的	取得鍵盤 / 滑鼠按鍵的代碼
說明	■ keyCode 屬性適用於 IE 瀏覽器其屬性值為鍵盤中被按下的按鍵代碼值。 ■ which 屬性適用於非 IE 瀏覽器其屬性值為鍵盤中被按下的按鍵代碼值。 ■ button 屬性適用 IE 瀏覽器其屬性值為被按下的滑鼠按鍵之按鍵代碼值。
語法結構	event. keyCode event. which event. button 屬性值為數值。button 屬性值 0、1、2 分別代表滑鼠的左、中、右鍵。
示範	myKey = event. keyCode 取得 keyCode 屬性值存入變數 myKey 中。 document.write(event. keyCode) 輸出 keyCode 屬性值。 myKey = event. which 取得 which 屬性值存入變數 myKey 中。 document.write(event. button) 輸出 button 屬性值。

學習範例   顯示被按下的按鍵代碼值

取出 keyCode 或 which 屬性值, 告訴使用者被他按下的那個按鍵代碼。

範例原始碼　Event_keycode.htm

```
<!doctype html>
<html>
<head>
<meta charset="utf-8">
<script type="text/javascript">
function keyValue(myEvent) {
if (document.all) myEvent=event
var keycode = myEvent.which || myEvent.keyCode;
alert("你按下的按鍵代碼值為:" + keycode)
}
document.onkeydown=keyValue
</script>
</head>
<body tabindex="1" background="img/bga.gif" />
請按下鍵盤的按鍵,我將告訴你被按下的按鍵代碼值
</body>
</html>
```

學習範例　顯示被按下的按鍵代碼值

取出 keyCode 或 which 屬性值, 當使用者按下向上 (38)、向下(40)、向左 (37)、向右(39)鍵時圖片就進行上下左右的移動。

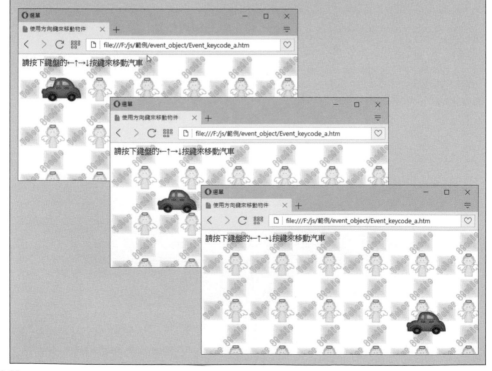

範例原始碼　　Event_keycode_a.htm

```
<!doctype html>
<html>
<head>
<meta charset="utf-8">
<title>使用方向鍵來移動物件</title>
<script type="text/javascript">
var Lposition=50,Tposition=50
function keyValue(myEvent) {
if (document.all) myEvent=event
var myCode = myEvent.which || myEvent.keyCode

  if(myCode==39){
    Lposition+=5
  }else if(myCode==37){
    Lposition-=5
  }else if(myCode==38){
    Tposition-=5
  }else if(myCode==40){
    Tposition+=5
  }
document.getElementById("my").style.left=Lposition + 'px'
document.getElementById("my").style.top=Tposition +'px'
}

document.onkeydown=keyValue
</script>
</head>
<body tabindex="1" background="img/bga.gif">
請按下鍵盤的←↑→↓按鍵來移動汽車
<div id="my" name="my" style="POSITION:absolute;Left:50px;Top:50px;">
<img src="img/car.gif" />
</div>
</body>
</html>
```

學習範例　　判斷滑鼠按鍵

取出 button 屬性值, 判斷滑鼠的哪一個按
鍵被按下。

範例原始碼　Event_keycode_b.htm

```html
<!doctype html>
<html>
<head>
<meta charset="utf-8">
<title>判斷滑鼠按鍵</title>
<script type="text/javascript">
function keyValue(myEvent) {
if (document.all) myEvent=event
var myCode = myEvent.button

 switch (myCode) {
      case 0:
        alert('滑鼠左鍵')
      break;

      case 1:
        alert('滑鼠中鍵')
      break;
      case 2:
        alert('滑鼠右鍵')
      break;
      default:
        alert('未知按鍵' + btnCode)
    }
}

document.onmousedown=keyValue
</script>
</head>
<body background="img/bgc.gif" />
請按下滑鼠上的任意按鍵
</body>
</html>
```

Part 02　JavaScript 物件

event 物件

語法	**altKey, shiftKey, ctrlKey**
使用目的	**取得鍵盤上黏鍵的狀態**
說明	■ altKey 屬性值為鍵盤 「Alt」 鍵的狀態表示。 ■ shiftKey 屬性值為鍵盤 「Shift」 鍵的狀態表示。 ■ ctrlKey 屬性值為鍵盤 「Ctrl」 鍵的狀態表示。 ■ 當黏鍵被按下時, 其對應的屬性值為「True」; 反之屬性值則為「False」。
語法結構	event. altKey event. shiftKey event. ctrlKey 屬性值皆為布林值。
示範	myKey = event. altKey 取得 altKey 屬性值存入變數 myKey 中。 document.write(event. shiftKey) 輸出 shiftKey 屬性值。 myKey = event. ctrlKey 取得 ctrlKey 屬性值存入變數 myKey 中。

學習範例　提示黏鍵與任意按鍵的組合

取出 keyCode 或 which 屬性值, 與 altKey、shiftKey 或 ctrlKey 屬性值組合判斷使用者按下的組合鍵。

範例原始碼　Event_altkey.htm

```
<!doctype html>
<html>
<head>
<meta charset="utf-8">
<title>提示黏鍵與任意按鍵的組合</title>
<script type="text/javascript">
function keyValue(myEvent) {
if (document.all) myEvent=event
var myCode = myEvent.which || myEvent.keyCode

if ((myEvent.shiftKey) && (myCode != 16))
  alert("Shift + " + myCode)
if ((myEvent.ctrlKey) && (myCode != 17))
  alert("Ctrl + " + myCode)
if ((myEvent.altKey) && (myCode != 18))
  alert("Alt + " + myCode)
}

document.onkeydown=keyValue
</script>
</head>
<body tabindex="1" background="img/bgb.gif">
請按下組合鍵(按住 Alt 或 Shift 或 Ctrl 不放，再按任意鍵)
<br><img src="img/DSC03111.jpg" />
</body>
</html>
```

Edge 4x　IE 12.x　Chrome 5x　Opera 4x　FireFox 5x

event 物件

語法	**x, y, clientX, clientY**
使用目的	**取得滑鼠指標所在的位置座標**
說明	■ x,y 屬性值為滑鼠指標在網頁中(\<body\> 標籤內)的位置表示, 這兩個屬性不適用於 Firefox 瀏覽器。 ■ clientX、clientY 屬性值為滑鼠指標在文件中(亦同 \<body\> 標籤內)的位置表示。
語法結構	event. x event. y event. clientX event. clientY 屬性值皆為數值。
示範	myX = event. x 取得 「x」 屬性值(滑鼠指標在網頁中的 X 軸位置)存入變數 myX 中。 document.write(event. y) 輸出 「y」 屬性值(滑鼠指標在網頁中的 Y 軸位置)。 myY = event. clientY 取得 「clientY」 屬性值(滑鼠指標在文件中的 Y 軸位置)存入變數 myY 中。

學習範例　　隨滑鼠指標移動的圖片

將網頁中的 「onmousemove」 事件以自訂函數 「newCursor」 取代, 當滑鼠指標在網頁中移動時就呼叫 「newCursor」 函數來變更圖片的位置。

範例原始碼　Event.position.htm

```
<!doctype html>
<html>
<head>
<meta charset="utf-8">
<title>隨滑鼠指標移動的圖片</title>
<script type="text/javascript">
function newCursor(myEvent) {
if (document.all) myEvent= event

my.style.top=myEvent.y + 10 + 'px'
my.style.left=myEvent.x + 10 + 'px'
document.forms[0][0].value= eval(myEvent.clientX)
document.forms[0][1].value= eval(myEvent.clientY)

}
document.onmousemove= newCursor
</script>
</head>
<body  background="img/bgb.gif">
<div id="my" style="POSITION: absolute;Left:0px;Top:0px;" />
<img src="img/aa.gif" /></div>
<form>
滑鼠的X軸座標:<input type=text />
滑鼠的Y軸座標:<input type=text />
</form>
</body>
```

Edge 4x	IE 12.x	Chrome 5x	Opera 4x	FireFox 5x

navigator 物件

語法　cpuClass, platform, systemLanguage

使用目的	取得使用者電腦的 CPU 等級 / 作業系統名稱 / 使用語言屬性值
說明	■ cpuClass 屬性傳回使用者電腦的 CPU 等級。 ■ platform 屬性傳回使用者電腦的作業系統名稱, 僅 IE 瀏覽器適用。 ■ systemLanguage 屬性傳回使用者電腦使用的語言, 僅 IE 瀏覽器適用。
語法結構	navigator. cpuClass navigator. platform navigator. systemLanguage 屬性值皆為字串資料。
示範	myCpuClass = navigator. cpuClass 取得使用者電腦的 CPU 等級屬性值存入變數 myCpuClass 中。 document.write(navigator. platform) 輸出使用者電腦的作業系統名稱。 mySystemLanguage = navigator. syetemLanguage 取得使用者電腦的使用語言屬性值存入變數 mySystemLanguage 中。

學習範例　使用者作業環境偵測

範例原始碼　Navigator_cpuclass.htm

```
<!doctype html>
<html>
<head>
<meta charset="utf-8">
<title>使用者作業環境偵測</title>
<script type="text/javascript">
document.write("你的作業系統為:
 " + navigator.platform + "<br />")
document.write("你的電腦CPU等級:
 " + navigator.cpuClass + "<br />")
document.write("你的系統語言為:
 " + navigator.systemLanguage + "<br />")
</script>
</head>
<body>
<img name="myPic" src="img/IMG_20160815_161953.jpg" />
</body>
</html>
```

2-43

Edge 4x | IE 12.x | Chrome 5x | Opera 4x | FireFox 5x

navigator 物件	
語法	**appName, appCodeName**
使用目的	**取得使用者瀏覽器名稱 / 程式代號屬性值**
說明	■ appName 屬性值為使用者瀏覽器的名稱，本書測試的各主流瀏覽器之傳回值都是「Netscape」。 ■ appCodeName 屬性值為瀏覽器的程式代號名稱，本書測試的各主流瀏覽器之傳回值都是「Mozilla」。
語法結構	字串. length 字串變數. length
示範	myStrlen = "JAVASCRIPT範例辭典". length 取得字串長度並存入變數 myStrlen 中。 myStrlen = myString. length 取得變數 myString 內的字串長度並存入變數 myStrlen 中。

學習範例　　取得瀏覽器資訊

範例原始碼　　Navigator_appname.htm

```html
<!doctype html>
<html>
<head>
<meta charset="utf-8">
<title>取得瀏覽器資訊</title>
<script type="text/javascript">
document.write("你的瀏覽器為:
 " + navigator.appName + ", ")
document.write("程式代號為:
 " + navigator.appCodeName + "<br />")
document.write("<img src='img/
IMG_20160815_193406.jpg'><br />")
</script>
</head>
<body>
</body>
</html>
```

navigator 物件

語法	**appVersion, userAgent**
使用目的	**取得使用者瀏覽器程式代號和版本屬性值**
說明	■ appVersion 屬性值為使用者瀏覽器的版本。 ■ userAgent 屬性值為瀏覽器的程式代號名稱與版本(在 HTTP 傳輸協定中的 user-agent 字串),等同 appCodeName 屬性值加上 appVersion 屬性值。
語法結構	navigator. appVersion navigator. userAgent 屬性值皆為字串資料。
示範	myVersion = navigator. appVersion 取得使用者瀏覽器的名稱屬性值存入變數 myVersion 中。 document.write(navigator. userAgent) 輸出使用者瀏覽器的程式代號名稱與版本。

學習範例	依瀏覽器種類使用不同樣式檔

範例原始碼　Navigator_appversion.htm

```html
<!doctype html>
<html>
<head>
<meta charset="utf-8">
<title>依瀏覽器種類使用不同樣式檔</title>
<script type="text/javascript">
document.write("你的瀏覽器應用程式版本為: " + navigator.appVersion + "<br />")
document.write("你的瀏覽器應用程式名稱為: " + navigator.appCodeName + "<br />")
document.write("你的瀏覽器應用程式名稱與版本為: " + navigator.userAgent + "<br />")
version =navigator.appVersion
if(version.indexOf("Edge") !=-1){
document.write("<link href='css/style1.css' rel='stylesheet' />")
document.write("<img src='img/IMG_20160815_192922.jpg'><br />")
document.write("你現在使用的樣式檔為: style1.css")
}else if(version.indexOf("OPR") !=-1){
document.write("<link href='css/style2.css' rel='stylesheet' />")
document.write("<img src='img/IMG_20160815_153512_1.jpg' /><br />")
document.write("你現在使用的樣式檔為: style2.css")
}else{
document.write("<link href='css/style3.css' rel='stylesheet' />")
document.write("<img src='img/IMG_20160815_155932.jpg' /><br />")
document.write("你現在使用的樣式檔為: style3.css")
}
</script>
</head>
<body>
</body>
</html>
```

學習範例　識別使用者的作業系統與瀏覽器

藉由 userAgent 屬性值判斷使用者的作業系統, 與使用的瀏覽器種類, 並依不同的瀏覽器種類顯示不同的圖片。

範例原始碼　Navigator_useragent.htm

```
<!doctype html>
<html>
<head>
<meta charset="utf-8">
<title>識別使用者的作業系統與瀏覽器</title>
<script type="text/javascript">
myAgent= navigator.userAgent
document.write("你的瀏覽器應用程式名稱與
版本為: " + myAgent + "<br />")
if(myAgent.indexOf("Win") !=-1){
  osName="Windows"
}else if(myAgent.indexOf("Mac") !=-1){
  osName="IOS"
}else{
  osName="未知"
}
if(myAgent.indexOf("Edge") !=-1){
myApp="Microsoft Edge瀏覽器"
document.write("<img src='img/16-08-21-18-
04-29-139_photo.jpg' /><br />")
}else if(myAgent.indexOf("OPR") !=-1){
myApp="Opera瀏覽器"
document.write("<img src='img/
IMG_20160821_161320.jpg' /><br />")
}else if(myAgent.indexOf("Chrome") !=-1){
myApp="Google Chrome瀏覽器"
document.write("<img src='img/
IMG_20160821_155952.jpg' /><br />")
}else if(myAgent.indexOf("Firefox") !=-1){
myApp="Firefox瀏覽器"
document.write("<img src='img/
IMG_20160821_161348.jpg' /><br />")
}else{
myApp="尚未加以辨識"
}
document.write("你的作業系統: " + osName +
"<br />")
document.write("你的瀏覽器為: " + myApp)
</script>
</head>
<body>
</body>
</html>
```

Edge 4x IE 12.x Chrome 5x Opera 4x FireFox 5x

navigator 物件

語法	**language, browserLanguage, userLanguage**
使用目的	**取得使用者語言屬性值**
說明	■ languag 屬性傳回瀏覽器使用的語言。 ■ browserLanuage 屬性傳回瀏覽器使用的語言, 僅 IE 瀏覽器適用。 ■ userLanguag 屬性傳回使用者目前使用的語言, 僅 IE 瀏覽器適用。
語法結構	navigator. language navigator. browserLanguage navigator. userLanguage 屬性值皆為字串資料, 語言資料皆是語言與地區複合顯示, 例如 zh-tw(台灣)、zh-sg(新 加坡)、zh-cn(中國)皆表示使用「zh」中文。
示範	myLanguage = navigator. language 取得瀏覽器使用語言屬性值存入變數 myLanguage 中。 document.write(navigator. browerLanguage) 輸出瀏覽器的使用語言屬性值。

學習範例 識別瀏覽器使用的語言

利用language屬性質判別, 將不同語言的問候語顯示在提示窗。

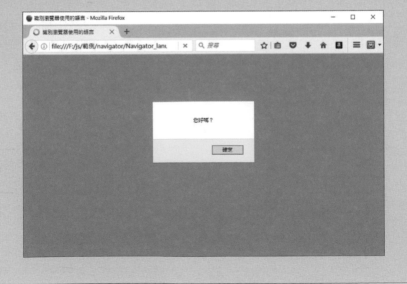

範例原始碼　Navigator_language.htm

```html
<!doctype html>
<html>
<head>
<meta charset="utf-8">
<title>識別瀏覽器使用的語言</title>
<script type="text/javascript">
myLanguage= navigator.language

if (myLanguage.indexOf("zh") !=-1){
alert("您好嗎？")
}else if (myLanguage.indexOf("es") !=-1){
alert("&iquest;Como esta Usted?")
}else if (myLanguage.indexOf("ja") !=-1){
alert("O GEN KI DE SUKA?")
}else if (myLanguage.indexOf("de") !=-1){
alert("Wie geht es Dir?")
}else{
alert("How are you?")
}
</script>
</head>
<body><img src="img/P_20170201_121841.jpg" />
</body>
</html>
```

Edge 4x IE 12.x Chrome 5x Opera 4x FireFox 5x

navigator 物件

語法	cookieEnabled
使用目的	**判別瀏覽器是否啟動接受 Cookie**
說明	表示用戶端瀏覽器是否啟動接受來自網路上 Cookie 的屬性, 屬性值為 True(啟用 Cookie 功能)或 False(Cookie 功能無法使用)。
語法結構	navigator. cookieEnabled
示範	myCookie = navigator. cookieEnabled 取得瀏覽器是否啟動接受 Cookie 的 cookieEnabled 屬性值存入變數 myCookie 中。 document.write(navigator. cookieEnable) 輸出瀏覽器是否啟動接受 Cookie 的 cookieEnabled 屬性值。

學習範例　　偵測瀏覽器 Cookie 功能是否開啟

範例原始碼　　Navigator_cookieenabled.htm

```
<!doctype html>
<html>
<head>
<meta charset="utf-8">
<title>偵測瀏覽器Cookie功能是否開啟</title>
<script type="text/javascript">
testCookie =navigator.cookieEnabled
if (testCookie){
alert("你的瀏覽器設定支援 Cookie可正確瀏覽
本網站")
myDate=new Date()
cookieTime= Date.parse('2027/12/31')
myDate.setTime(cookieTime)
myCookie= "cookieName=test;expires=" +
myDate.toUTCString()
document.write("Cookie有效期限:
2027/12/31<br />")
}else{
mystr="你的瀏覽器設定不支援 Cookie，請先開
啟瀏覽器的 Cookie 功能"
alert(mystr)
document.write(mystr.fontcolor("#FF0000"))
}
</script>
</head>
<body>
<img src="img/IMG_20170201_150619.jpg" />
</body></html>
```

navigator 物件

語法	**javaEnabled()**
使用目的	**判別瀏覽器是否啟動 Java 功能**
說明	判別瀏覽器是否啟動執行 java 的功能, 傳回值為 True (啟動)或 False (關閉)。
語法結構	navigator. javaEnabled()
示範	myJava = navigator. javaEnabled 取得判別瀏覽器是否啟動執行 Java 功能的 javaEnabled 方法傳回值存入變數 myJava 中。 document.write(navigator. javaEnable) 輸出判別瀏覽器是否啟動執行 Java 功能的 javaEnabled 方法傳回值。

學習範例　偵測瀏覽器執行 Java 功能是否開啟

範例原始碼 **Navigator_javaenabled.htm**

```html
<!doctype html>
<html>
<head>
<meta charset="utf-8">
<title>偵測瀏覽器執行Java功能是否開啟</title>
<script type="text/javascript">
testJava =navigator.javaEnabled()
if (testJava){
mystr="你的瀏覽器已經啟動執行Java功能"
alert(mystr)
document.write(mystr.fontcolor("#00FF00")+ "<br />")
}else{
mystr="你的瀏覽器設定不支援執行Java功能"
alert(mystr)
document.write(mystr.fontcolor("#FF0000")+ "<br />")
}
</script>
</head>
<body>
<img src="img/P_20160903_144410_HDR.jpg" />
</body>
</html>
```

Edge 4x IE 12.x Chrome 5x Opera 4x FireFox 5x

navigator.plugins 物件	
語法	**navigator.plugins[]**
使用目的	**偵測瀏覽器的外掛軟體(附加元件)**

- pligins 為 navigator 的子物件,應用時必須使用「navigator.plugins」。

- navigator.plugins 物件以陣列的方式記錄每個瀏覽器的外掛軟體(Plugin),其中的每個元素都是一個「MimeType」物件。例如,在使用者的瀏覽器中安裝了 3 個外掛軟體,這 3 個外掛軟體就分別為 navigator.plugins[0]、navigator.plugins[1] 和 navigator.plugins[2]。

- navigator.plugIns 物件具有下列屬性與方法:

屬性

屬性	說明	屬性資料型態
length	外掛軟體的數量	數值
description	外掛軟體的詳細說明	字串
filename	外掛軟體在磁碟上的上檔案名稱	字串
name	外掛軟體的名稱	字串

方法

名稱	說明	參數值
refresh	重新載入外掛軟體	true:載入, false:不載入

TIP:在瀏覽器開啟的狀態的安裝新的外掛軟體,該外掛軟體並未載入,除非呼叫 refresh 方法或關閉並重新啟動瀏覽器。

語法結構	navigator. plugins[索引值].屬性或方法

示範

myPlugins = navigator. plugins.length
取得瀏覽器外掛軟體的數量存入變數 myPlugins 中。

document.write(navigator. plugins[2].name)
輸出瀏覽器中第 3 個外掛軟體的名稱。

myPlugin = navigator. plugins[3].description
取得瀏覽器第 4 個外掛軟體的詳細說明存入變數 myPlugin 中。

document.write(navigator. plugins[2].filename)
輸出瀏覽器中第 3 個外掛軟體的檔案名稱。

navigator. plugins.refresh(true)
載入瀏覽器中新增安裝的外掛軟體。

```
for (x=0; x<navigator.plugins.length; x++){
 document.write( navigator. plugins[x].filename )
}
```
輸出瀏覽器中全部外掛軟體的檔案名稱。

學習範例	列出瀏覽器中全部已安裝的外掛軟體資訊

範例原始碼　Navigator_plugins.htm

```html
<!doctype html>
<html>
<head>
<meta charset="utf-8">
<title>列出瀏覽器中全部已安裝的外掛軟體資訊</title>
</head>
<body>
<script type="text/javascript">
pluginLen= navigator.plugins.length
document.write("<table border=1" +
" style='font-size: 11pt; border-collapse: collapse' bordercolor='#000000'>" +
"<tr>" +
"<th>索引</th>" +
"<th>名稱</th>" +
"<th>檔案名稱</th>" +
"<th>詳細說明</th>" +
"</tr>")
for (x=0; x < pluginLen; x++) {
  document.writeln("<tr><td>" + x + "</td>" +
    "<td>" + navigator.plugins[x].name + "</td>" +
    "<td>" + navigator.plugins[x].filename + "</td>" +
    "<td>" + navigator.plugins[x].description + "</td>" +
    "</tr>")
}
document.writeln("</table>")
alert("瀏覽器中已安裝" + pluginLen + "種外掛軟體")
</script>
</body>
</html>
```

Edge 4x IE 12.x Chrome 5x Opera 4x FireFox 5x

navigator.mime 物件

語法	**navigator.mimeTypes[]**

使用目的	偵測瀏覽器支援的 MIME (Multipurpose Internet Mail Extensions) 類型

| 說明 | ■ mimeTypes 為 navigator 的子物件，應用時必須使用「navigator. mimeTypes」。

■ navigator. mimeTypes 物件以陣列的方式記錄每個 MIME 類型，其中的每個元素都是一個「MimeType」物件。例如，使用者瀏覽器支援 3 種 MIME 類型，這 3 類型就分別為 navigator. mimeTypes[0]、navigator. mimeTypes[1] 和 navigator. plugins[2]。

■ navlgator. mimeTypes 物件具有下列屬性：

屬性

表格如下 |

屬性	說明	屬性資料型態
length	MIME 類型的數量	數值
description	MIME 類型的詳細説明	字串
enabledPlugin	MIME 類型預設對應的外掛軟體(Plugin)	字串
suffixes	MIME 類型可以對應的檔案副檔名,例如「mpeg」、「wav」	字串

語法結構	navigator. mineTypes[索引值].屬性 索引值亦可是使用者瀏覽器支援的 MIME 類型, 也可以是包含了 MImeType 物件的類型, 例如「image/jpeg」

示範	myMimes = navigator. mimeTypes.length 取得瀏覽器支援的 MIME 類型數量存入變數 myMimes 中。 document.write(navigator. mimeTypes [2].type) 輸出瀏覽器中支援的第 3 個 MIME 類型名稱。 myMime = navigator. mimeTypes [3].description 取得瀏覽器中支援的第 4 個 MIME 類型的詳細説明存入變數 myMime 中。 document.write(navigator. mimeTypes [2].suffixes) 輸出瀏覽器中支援的第 3 個 MIME 類型可對應的檔案副檔名。 document.write(navigator. mimeTypes [2].enabledPlugin) 輸出瀏覽器中支援的第 3 個 MIME 類型預設對應的外掛軟體名稱。 myPlug= navigator. mimeTypes [5].enabledPlugin 取得瀏覽器中支援的第 5 個 MIME 類型預設對應的外掛軟體名稱存入變數 myPlug 中。

學習範例　列出瀏覽器中支援的 MIME 類型資訊

索引	名稱	對應的副檔名	對應的外掛軟體	詳細說明
0	application/x-adobeaamdetect	undefined	undefined	AdobeAAMDetect
1	application/x-shockwave-flash	undefined	undefined	Shockwave Flash
2	application/futuresplash	undefined	undefined	Shockwave Flash

網頁訊息　×

⚠ 瀏覽器中支援的MIME類型有3種

確定

範例原始碼　Navigator_mimetypes.htm

```html
<!doctype html>
<html>
<head>
<meta charset="utf-8">
<title>列出瀏覽器中支援的MIME類型資訊</title>
</head>
<body>
<script type="text/javascript">
mimeLen= navigator.mimeTypes.length
document.write("<table border=1" +
" style='font-size: 11pt; border-collapse: collapse' bordercolor='#000000'>" +
"<tr>" +
"<th>索引</th>" +
"<th>名稱</th>" +
"<th>對應的副檔名</th>" +
"<th>對應的外掛軟體</th>" +
"<th>詳細說明</th>" +
"</tr>")
for (x=0; x < mimeLen; x++) {
  document.writeln("<tr><td>" + x + "</td>" +
    "<td>" + navigator.mimeTypes[x].type + "</td>" +
    "<td>" + navigator.mimeTypes[x].sufffixes + "</td>" +
    "<td>" + navigator.mimeTypes[x].enablesPlugin + "</td>" +
    "<td>" + navigator.mimeTypes[x].description + "</td>" +
    "</tr>")
}
document.writeln("</table>")
alert("瀏覽器中支援的 MIME 類型有" + mimeLen + "種")
</script>
</body>
</html>
```

Edge 4x IE 12.x Chrome 5x Opera 4x FireFox 5x

Part 02 JavaScript 物件

Date 物件	
語法	**getFullYear(), getYear(), getMonth(), getDate(),getDay()**
使用目的	**取得本地日期時間中的「日期」部分的相關資訊**

說明

- getFullYear 方法會傳回年份的絕對值, 例如 1980 年就會傳回「1980」。
- getYear 方法對於 1999 年之後的日期會傳回 4 位數的年份, 但對於 1900 到 1999 的年份, 會以 2 位整數傳回現在年份與 1900 之間的差值, 故應儘量取用 getFullYear 方法而避免使用 getDate 方法。
- getMonth 方法會傳回 Date 物件中一個介於 0 到 11 之間的整數, 代表月份值 (0 為 1 月, 1 為 2 月...)。
- getDate方法會傳回 Date 物件中一個介於 1 到 31 之間的整數, 代表日期值。
- getDay 方法會傳回 Date 物件中一個介於 0 到 6 之間的整數, 代表星期的日期值。

星期	星期一	星期二	星期三	星期四	星期五	星期六	星期日
值	1	2	3	4	5	6	0

語法結構

Date 物件. getFullYear()
Date 物件. getYear()
Date 物件. getMonth()
Date 物件. getDate()
Date 物件. getDay()

示範

myYear = myDate. getFullYear()
取得 Date 物件「myDate」中年份的絕對值並存入變數 myYear 中。

myYear = myDate. getYear()
取得 Date 物件「myDate」中 4 位數的年份或 2 位整數的年差值並存入變數 myYear 中。

myMon = myDate. getMonth()
取得 Date 物件「myDate」中代表月份的值並存入變數 myMon 中。

document.write(myDate. getDate())
輸出取得自 Date 物件「myDate」中代表日期的值。

document.write(myArray[myDate. getDay()])
輸出對應於 Date 物件「myDate」中代表星期的日期值之陣列元素。

學習範例	輸出國曆的日期並依星期不同顯示不同的圖片

透過 Date 物件「myDate」取得現在年、月、日、星期等資訊加以組合顯示。由於要顯示國曆, 所以使用 getFullYear 方法傳回的年份絕對值要減掉 1911。由 getDay 方法會傳回代表星期的介於 0 到 6 之間整數, 利用此整數值為索引取回陣列「realDays」的星期全名加以應用, 並利用此整數值顯示 s0~s6.jpg 等不同的圖片。

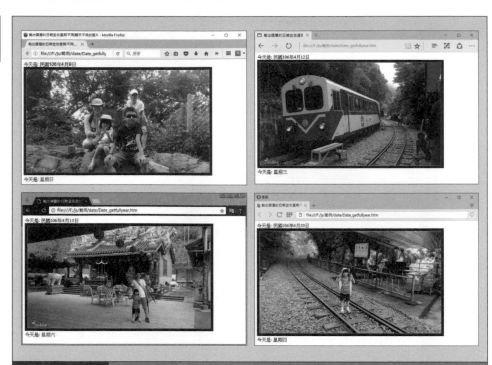

範例原始碼　　Date_getfullyear.htm

```html
<!doctype html>
<html>
<head>
<meta charset="utf-8">
<title>輸出國曆的日期並依星期不同顯示不同的圖片</title>
<script type="text/javascript">
myDate= new Date()
realDays= new Array("星期日".fontcolor("#FF0000"),"星期一","星期二")
realDays= realDays.concat("星期三","星期四","星期五")
realDays= realDays.concat("星期六".fontcolor("#FF0000"))
myYear= myDate.getFullYear()- 1911
myMon= myDate.getMonth() + 1
myDay=myDate.getDate()
myDays=realDays[myDate.getDay()]
document.write("今天是: 民國" + myYear + "年" + myMon + "月" + myDay + "日")
document.write("<br /><img src='img/s" + myDate.getDay() + ".jpg' /><br />")
document.write("今天是: " + myDays)
</script>
</head>
<body></body>
</html>
```

學習範例　　國定假日判定

使用 getMonth()、 getDate 方法自 Date 物件「myDate」取得現在月、日等資訊加以組合,利用 if ~ else 判斷敘述是否與國定的假日日期相符,若相符則出現交談窗告知。

範例原始碼　　Date_getmonth.htm

```
<!doctype html>
<html>
<head>
<meta charset="utf-8">
<title>國定假日判定</title>
<script type="text/javascript">
myDate= new Date()
myMon= myDate.getMonth() + 1
myDay= myDate.getDate()
testDate= myMon + "/" + myDay
if (testDate == "1/1"){
alert("今天是元旦假期")
document.write("今天是元旦假期")
}else if (testDate == "2/28"){
alert("今天是和平紀念日")
document.write("今天是和平紀念日")
}else if (testDate == "4/5"){
alert("今天是清明節")
document.write("今天是清明節")
}else if (testDate == "10/10"){
alert("今天是國慶紀念日")
document.write("今天是國慶紀念日")
}else {
document.write("今天非國定假日")
}
</script>
</head>
<body>
<br /><img src="img/s7.jpg" />
</body>
</html>
```

Edge 4x　 IE 12.x　 Chrome 5x　 Opera 4x　 FireFox 5x

Part 02

Date 物件	
語法	**setFullYear(),setYear(), setMonth(), setDate()**
使用目的	利用本地時間設定 Date 物件中「日期」部分的相關值
說明	■ setFullYear 方法可設定 Date 物件中的「年」或「年」「月」或「年」「月」「日」值, 若「月」「日」參數省略, 則 setFullYear 方法會使用對應的 get 方法自動設定該參數。 ■ 使用 setYear 方法時必須傳入西元年差(等於年份減 1900 的數值), 這個方法應不再使用, 此方法存在的目的只是為了回溯相容性。 ■ setMonth() 可設定 Date 物件中的「月」或「月」「日」值,「月」為必要參數,「日」參數則可省略, 省略的話, 預設使用呼叫 getDate 方法所得的值, 若是「月」參數值大於 11 或者是負數的話, 儲存的年份會跟著修改。 ■ setDate 方法可設定當地時區之 Date 物件的日期, 若給定的「日」參數值是負數, 或大於 Date 物件中所儲存月份的天數, 則日期將會設成「日」參數值減去儲存月份的天數。
語法結構	Date 物件. setFullYear(四位數西元年, 月, 日) Date 物件. setYear(西元年差) Date 物件. setMonth(月, 日) Date 物件. setDate(日)
示範	myDate. setFullYear(2006, 8, 8) 使用完整參數「年」「月」「日」對Date物件「myDate」進行日期設定。 myDate. setFullYear(2006) 使用必要參數「年」對 Date 物件「myDate」進行日期設定, 省略的「月」「日」參數使用對應的get方法自動設定。 myDate. setMonth(8, 8) 使用完整參數「月」「日」對Date物件「myDate」進行日期設定。 myDate. setMonth(8) 使用必要參數「月」對Date物件「myDate」進行日期設定, 省略的「日」參數使用對應的getDate方法自動設定。 myDate. setDate(8) 使用必要參數「日」對Date物件「myDate」進行日期設定, 將日期設定為8號。 myDate. setDate(33) 使用必要參數「日」對Date物件「myDate」進行日期設定, 如果本例原日期為1997/ 1/9, 現將「日」參數設為「33」, 則設定後的「myDate」物件日期為1997/2/2。

學習範例	**輸入西元日期, 告知該日期的星期, 並依星期不同顯示不同的圖片**

依使用者輸入的西元在年、月、日等資訊設定 Date 物件「myDate」的日期, 取出經設定後的 Date 物件「myDate」的星期值為索引取回陣列「realDays」的星期全名來輸出, 並利用此星期值顯示 s0~s6.jpg 等不同的圖片。

範例原始碼　Date_setfullyear.htm

```html
<!doctype html>
<html>
<head>
<meta charset="utf-8">
<title>輸入西元日期, 告知該日期的星期, 並依星期不同顯示不同的圖片</title>
<script type="text/javascript">
realDays= new Array("星期日","星期一","星期二")
realDays= realDays.concat("星期三","星期四","星期五")
realDays= realDays.concat("星期六")
function star(){
myDate= new Date()
document.forms[0][0].value = myDate.getFullYear()
document.forms[0][1].value = myDate.getMonth() + 1
document.forms[0][2].value = myDate.getDate()
document.forms[0][4].value = realDays[myDate.getDay()]
document.myForm.myPic.src="img/s" + myDate.getDay() + ".jpg"
}
function checkDay(){
myDate= new Date()
myDate.setFullYear(document.forms[0][0].value)
myDate.setMonth(document.forms[0][1].value - 1)
myDate.setDate(document.forms[0][2].value)
document.forms[0][4].value = realDays[myDate.getDay()]
document.myForm.myPic.src="img/s" + myDate.getDay() + ".jpg"
}
</script>
</head>
<body onload="star()">
<form name="myForm">
請指定西元日期:<br>
<input type="text" size="6" />年/
<input type="text" size="6" />月/
<input type="text" size="6" />日
<input type="button" value="確定" onClick="checkDay()" />
<br /><img name="myPic" src="img/s0.jpg" />
<br />指定日期的星期為: <input type="text" size="6" />
</form>
</body></html>
```

Edge 4x | IE 12.x | Chrome 5x | Opera 4x | FireFox 5x

Part 02

Date 物件	
語法	**getHours(), getMinutes(), getSeconds(), getMilliseconds()**
使用目的	**取得本地日期時間中的「時間」部分的相關資訊**
說明	■ getHouse 方法會傳回一個介於 0 到 23 之間的整數, 代表從午夜開始的小時數。零值會在兩種狀況下發生:建立物件時並未將時間儲存在 Date 物件中或是在 1:00:00 am 之前的時間。 ■ getMinutes 方法會傳回儲存在 Date 物件中的一個介於 0 到 59 之間的整數分鐘值。零值將會在以下狀況回傳:建立物件時並未將時間儲存在 Date 物件中, 或是在整點小時之後的一分鐘之內。 ■ getSeconds 方法會傳回儲存在 Date 物件中的一個介於 0 到 59 之間的整數秒數值。零值會在兩種狀況下傳回:當要進入目前這一分鐘的時間不足一秒;建立物件時並未將時間儲存在 Date 物件中。 ■ getMilliseconds 方法會傳回 Date 物件中的毫秒值, 其值介於 0 到 999 之間。
語法結構	Date 物件. getHouses() Date 物件. getMinutes() Date 物件. getSecond() Date 物件. getMilliseconds()
示範	myHour= myDate. getHours() 取得 Date 物件「myDate」中的小時值並存入變數 myHour 中。 myMinute = myDate. getMinutes() 取得 Date 物件「myDate」中的分鐘值並存入變數 myMinutes 中。 mySecond = myDate. getSeconds() 取得 Date 物件「myDate」中的分鐘值並存入變數 mySecond 中。 document.write((new Date()). getMillisceonds()) 建立一個 Date 物件, 並從該 Date 物件中取出毫秒值作輸出。

學習範例	將時間顯示於瀏覽器的標題列

取得目前使用者系統時間的小時、分鐘、秒數、毫秒數加以組合,顯示於瀏覽器的標題列,為了達到動態顯示時間的目的,使用「setTimerout()」函數每隔 0.1 更新顯示於瀏覽器標題列的時間。

範例原始碼　　**Date_gethours.htm**

```
<!doctype html>
<html>
<head>
<meta charset="utf-8">
<title>將時間顯示於瀏覽器的標題列</title>
<script type="text/javascript">
function showTimes(){
  myDate= new Date()
  realTimes= "現在時間 " + myDate.getHours() + " : "
  realTimes= realTimes + myDate.getMinutes() + " : "
  realTimes= realTimes + myDate.getSeconds() + "."
  realTimes= realTimes + myDate.getMilliseconds()
  document.title=realTimes
  setTimeout("showTimes()",100)
}
</script>
</head>
<body onLoad="showTimes()">
<img src="img/s8.jpg" />
</body>
</html>
```

學習範例　　**定時更換圖片**

自 Date 物件「myDate」取得現在時間的秒數，利用 if ~ else 判斷敘述秒數落在哪一秒數時間範圍，以更換不同的顯示圖片。

範例原始碼　　**Date_getseconds.htm**

```html
<!doctype html>
<html>
<head>
<meta charset="utf-8">
<title>定時更換圖片</title>
<script type="text/javascript">
function showPic(){
  myDate= new Date()
  realSeconds= myDate.getSeconds()
  if(realSeconds>=0 && realSeconds<=9){
    document.myPic.src="img/p1.jpg"
    document.forms[0][0].value="img/p1.jpg"
  }else if(realSeconds>=10 && realSeconds<=19){
    document.myPic.src="img/p2.jpg"
    document.forms[0][0].value="img/p2.jpg"
  }else if(realSeconds>=20 && realSeconds<=29){
    document.myPic.src="img/p3.jpg"
    document.forms[0][0].value=="img/p3.jpg"
  }else if(realSeconds>=30 && realSeconds<=39){
    document.myPic.src="img/p4.jpg"
    document.forms[0][0].value="img/p4.jpg"
  }else if(realSeconds>=40 && realSeconds<=49){
    document.myPic.src="img/p5.jpg"
    document.forms[0][0].value="img/p5.jpg"
  }else{
    document.myPic.src="img/p6.jpg"
    document.forms[0][0].value="img/p6.jpg"
  }
  setTimeout("showPic()",1000)
}
</script>
</head>
<body onLoad="showPic()">
<form>
<input type="text" value="img/p1.jpg" />
</form>
<img name="myPic" src="img/p1.jpg" />
</body>
</html>
```

Edge 4x

IE 12.x

Chrome 5x

Opera 4x

FireFox 5x

Date 物件

語法	setHours(), setMinutes(), setSeconds(),setMilliseconds()
使用目的	利用本地時間設定 Date 物件中「時間」部分的相關值
說明	■ 使用 setHouse 方法可給定四個參數,「小時」參數為必要參數,參數範圍為數值 0~23,「分鐘」、「秒數」、「毫秒」為非必要參數,若未給定非必要參數就會自動取用 getMinutes 方法所傳回的值。 ■ 使用 setMinutes() 可給定三個參數,「分鐘」參數為必要參數,參數範圍為數值 0~59,「秒數」、「毫秒」為非必要參數,若未給定非必要參數就會自動取用 getSeconds 方法所傳回的值。 ■ 使用 setSeconds() 可給定三個參數,「秒數」參數為必要參數,參數範圍為 數值 0~59,「毫秒」為非必要參數,若未給定「毫秒」參數就會自動取用 getMilliseconds 方法所傳回的值。 ■ 使用 setMilliseconds 方法必須給予必要參數「毫秒」,參數範圍為數值 0~999。使用 setHouse()、 setMInutes()、 setSeconds()、 setMilliseconds() 等方法,如果參數值大於其範圍或者是負數的話,則其他的儲存值都會跟著修改。
語法結構	Date物件. setHouses(小時, 分鐘, 秒數, 毫秒數) Date 物件. setMinutes(分鐘, 秒數, 毫秒數) Date 物件. setSecond(秒數, 毫秒數) Date 物件. setMilliseconds(毫秒數)
示範	myDate. setHours(6, 8, 8, 588) 使用完整參數「小時」「分鐘」「秒數」「毫秒數」對 Date 物件「myDate」進行時間設定。 myDate. setHours(23) 使用必要參數「小時」對 Date 物件「myDate」進行時間設定, 省略的「分鐘」「秒數」「毫秒數」參數使用對應的 getMinutes 方法自動設定。 myDate. setMinutes(25) 使用必要參數「分鐘」對 Date 物件「myDate」進行時間設定, 省略的「秒數」「毫秒數」參數使用對應的 getSeconds 方法自動設定。 myDate. setMinutes (17, 9, 958) 使用完整參數「分鐘」「秒數」「毫秒數」對 Date 物件「myDate」進行時間設定。 myDate. setSeconds(,58, 698) 使用完整參數「秒數」「毫秒數」對 Date 物件「myDate」進行時間設定。 myDate. setSeconds(25) 使用必要參數「秒數」對 Date 物件「myDate」進行時間設定, 省略的「毫秒數」參數使用對應的 getMilliseconds 方法自動設定。 myDate. setMilliseconds(888) 使用必要參數「毫秒數」對 Date 物件「myDate」進行時間設定, 將時間的毫秒數設定為 888。

學習範例	新年倒數

建立目的日期時間的 Date 物件「countDownDate」，設定其日期時間為 12 月 31 日 23 時 59 分 59 秒。利用「countDownDate」與現在日期時間的差值呈現時間倒數。

範例原始碼	Date_sethours.htm

```
<!doctype html>
<html>
<head>
<meta charset="utf-8">
<title>新年倒數</title>
```

```
<script type="text/javascript">
function countDown(){
countDownDate= new Date()
countDownDate.setMonth(11)
countDownDate.setDate(31)
countDownDate.setHours(23)
countDownDate.setMinutes(59)
countDownDate.setSeconds(59)
countDate= new Date()
myMonth= countDownDate.getMonth()- countDate.getMonth()
myDate= countDownDate.getDate()- countDate.getDate()
myHours= countDownDate.getHours()- countDate.getHours()
myMinutes= countDownDate.getMinutes()- countDate.getMinutes()
mySeconds= countDownDate.getSeconds()- countDate.getSeconds()
document.forms[0][0].value= myMonth
document.forms[0][1].value= myDate
document.forms[0][2].value= myHours
document.forms[0][3].value= myMinutes
document.forms[0][4].value= mySeconds
setTimeout("countDown()",1000)
}
</script>
</head><body onload="countDown()">
距離新的一年還有:
<form name="myForm">
<Input type="text" size="2" />月
<input type="text" size="2" />日
<input type="text" size="2" />時
<input type="text" size="2" />分
<input type="text" size="2" />秒
</form>
<img name="myPic" src="img/p7.jpg" />
</body></html>
```

Edge 4x | IE 12.x | Chrome 5x | Opera 4x | FireFox 5x

Part 02

Date 物件

語法	**getTime(), setTime()**
使用目的	取得/設定 1970 年 1 月 1 日午夜 12 點到 Date 物件時間值之間的毫秒數
說明	■ getTime 方法會傳回一個從 1970 年 1 月 1 日午夜 12 點到 Date 物件所存時間值之間的毫秒整數值, 日期約涵蓋 1970 年 1 月 1 日午夜 12 點前後 285 與 616 年的時間。負數表示日期是在 1970 年之前。 ■ setTime 方法用於設定 Date 物件中的日期及時間值, 使用時必須給定一個從 1970 年 1 月 1 日午夜 12 點開始到特定日期時間, 所經過的毫秒整數值為參數。 TIP : 使用 setTime 方法設定日期和時間不受時區影響。
語法結構	Date 物件. getTime() Date物件. setTime(日期時間的毫秒數)
示範	myTime = myDate. getTime() 取得自 1970 年 1 月 1 日午夜12點到 Date 物件「myDate」所存時間值之間的毫秒數存入變數 myTime 中。 document.write((new Date()). getTime()) 建立一個 Date 物件, 並取得自 1970 年 1 月 1 日午夜 12 點到該 Date 物件所存時間值之間的毫秒數作輸出。 myDate. setTime(8*365*24*60*60*1000) 將 Date 物件「myDate」的日期時間值設定為 1978 年 1 月 1 日午夜 12 點。 myDate. setTime(myDate. getTime()- 12*60*60*1000) 將 Date 物件「myDate」的日期時間值設定為原先儲存之日期時間的前 12 個小時。

學習範例　前次來訪時間

利用 Date 物件的 getTime 方法取得使用者來訪的時間寫入 Cookies, 並利用 Date 物件的 getTime 方法設定 Cookies 的失效時間。

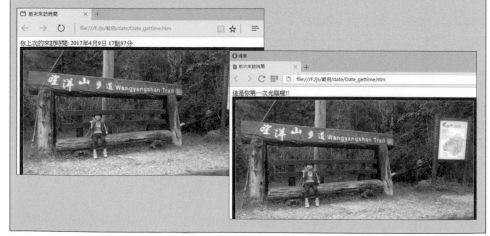

範例原始碼　Date_gettime.htm

```
<!doctype html>
<html>
<head>
<meta charset="utf-8">
<title>前次來訪時間</title>
<script type="text/javascript">
function getValue(cookiesname){
 cookiesname = cookiesname + "="
 if (document.cookie.length > 0){
  position = document.cookie.indexOf(cookiesname)
  if (position !=-1){
   position = position + cookiesname.length
   endposition = document.cookie.indexOf(";" , position)
   if (endposition ==-1){
    endposition = document.cookie.length
   }
   return unescape(document.cookie.substring(position,endposition))
  }
 }
return null
}

if(getValue("visitTime")){
yourVisit = new Date(eval(getValue("visitTime")))
yourYear = yourVisit.getFullYear()
yourMonth = yourVisit.getMonth() + 1
yourDate = yourVisit.getDate()
yourHours = yourVisit.getHours()
yourMinutes = yourVisit.getMinutes()
document.write("你上次的來訪時間: " + yourYear + "年" + yourMonth + "月" + yourDate + "日 " + yourHours
+ "點" + yourMinutes +"分")
}else{
document.write("這是你第一次光臨喔!!")
}

visitDate = new Date()
newVisitTime = visitDate.getTime()
visitDate.setTime(newVisitTime + 365*24*60*60*1000)
document.cookie = "visitTime=" + newVisitTime + ";expires=" + visitDate.toGMTString()
</script>
</head><body>
<br /><img name="myPic" src="img/s9.jpg" />
</body></html>
```

學習範例　　拍賣倒數計時

利用 Date 物件的 getTime 方法取得使用者來訪的時間寫入 Cookies, 並利用 Date 物件的 getTime 方法設定 Cookies 的失效時間。

範例原始碼　　Date_gettime_a.htm

```html
<!doctype html>
<html>
<head>
<meta charset="utf-8">
<title>拍賣倒數計時</title>
<script type="text/javascript">
function countDown(){
countDownDate= new Date(2019,0,1)
countDate= new Date()
overDate=(countDownDate.getTime())- (countDate.getTime())
document.forms[0][0].value= Math.floor(overDate/24/60/60/1000)
document.forms[0][1].value= Math.floor(overDate/60/60/1000) % 24
document.forms[0][2].value= Math.floor(overDate/60/1000) % 60
document.forms[0][3].value= Math.floor(overDate/1000) % 60
setTimeout("countDown()",1000)
}
</script>
</head><body onload="countDown()">
距離結標時間 2019/1/1 還有:
<form name="myForm">
<input type="text" size="2" />日
<input type="text" size="2" />時
<input type="text" size="2" />分
<input type="text" size="2" />秒
</form>
<img name="myPic" src="img/s10.jpg" />
</body></html>
```

Date 物件

語法	**getUTCFullYear(),getUTCMonth(), getUTCDate(),getUTCDay()**

使用目的	取得 UTC(Coordinated Universal Time, 國際標準時間) 中「日期」部分的相關資訊

說明	■ getUTCFullYear 方法會使用 UTC 傳回年份的絕對值, 例如 1980 年就會傳回「1980」。 ■ getUTCMonth 方法會使用 UTC 傳回 Date 物件中一個介於 0 到 11 之間的整數, 代表月份值(0 為 1 月, 1 為 2 月...), 傳回的整數非慣用表示月份的數字, 而是比實際月份少1的數字。。 ■ getUTCDate 方法會使用 UTC 傳回 Date 物件中一個介於 1 到 31 之間的整數, 代表日期值。 ■ getUTCDay 方法會使用 UTC 傳回 Date 物件中一個介於 0 到 6 之間的整數, 代 表星期的日期值。

星期	星期一	星期二	星期三	星期四	星期五	星期六	星期日
值	1	2	3	4	5	6	0

TIP : UTC 等同 GMT(Greenwich Mean Time, 格林威治標準時間), 台灣的時區為 UTC+8 (GMT+8),國際標準時間再加上 8 個小時。

語法結構	Date 物件. getUTCFullYear() Date 物件. getUTCMonth() Date 物件. getUTCDate() Date 物件. getUTCDay()

示範	myYear = myDate. getUTCFullYear() 取得 Date 物件「myDate」中國際標準時間代表年份的絕對值並存入變數 myYear 中。 myMon = myDate. getUTCMonth() 取得 Date 物件「myDate」中國際標準時間代表月份的值並存入變數 myMon 中。 document.write(myDate. getUTCDate()) 輸出取得自 Date 物件「myDate」中國際標準時間代表日期的值。 document.write(myArray[myDate. getUTCDay()]) 輸出對應於 Date 物件「myDate」中國際標準時間代表星期的日期值之陣列元素。

學習範例 | **輸出國曆的日期並依星期不同顯示不同的圖片**

透過 Date 物件「myDate」取得本地與國際標準時間的年、月、日、星期等資訊加以組合顯示。判斷本地與國際標準時間的年、月、日等值是否相等, 並顯示判斷結果與顯示不同的圖片。

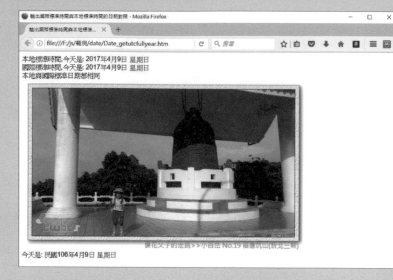

今天是: 民國106年4月9日 星期日

今天是: 民國107年1月1日 星期一

範例原始碼　**Date_getutcfullyear.htm**

```
<!doctype html>
<html>
<head>
<meta charset="utf-8">
<title>輸出國際標準時間與本地標準時間的日期對照</title>
<script type="text/javascript">
myDate= new Date()
realDays= new Array("星期日".fontcolor("#FF0000"),"星期一","星期二")
realDays= realDays.concat("星期三","星期四","星期五")
realDays= realDays.concat("星期六".fontcolor("#FF0000"))
countryYear=myDate.getFullYear()- 1911
myYear= myDate.getFullYear()
myMon= myDate.getMonth() + 1
myDay=myDate.getDate()
myDays=realDays[myDate.getDay()]
UTCYear= myDate.getUTCFullYear()
UTCMon= myDate.getUTCMonth() + 1
UTCDay=myDate.getUTCDate()
UTCDays=realDays[myDate.getUTCDay()]
document.write("本地標準時間,今天是: " + myYear + "年" + myMon + "月" + myDay + "日 "+ myDays + "<br
/>")
document.write("國際標準時間,今天是: " + UTCYear + "年" + UTCMon + "月" + UTCDay + "日 "+ UTCDays +
"<br />")
if (UTCYear != myYear){
 document.write("本地與國際標準時間年, 月, 日皆不相同" + "<br />")
 document.write("<img src='img/f0.jpg'><br />")
}else if (UTCMon != myMon){
 document.write("本地與國際標準時間月, 日皆不相同" + "<br />")
 document.write("<img src='img/f1.jpg'><br />")
}else if (UTCDay != myDay){
 document.write("本地與國際標準時間日不相同" + "<br />")
 document.write("<img src='img/f2.jpg'><br />")
}else{
 document.write("本地與國際標準日期都相同" + "<br />")
 document.write("<img src='img/f3.jpg'><br />")
}
document.write("今天是: 民國" + countryYear + "年" + myMon + "月" + myDay + "日 "+ myDays)
</script>
</head>
<body></body>
</html>
```

Edge 4x IE 12.x Chrome 5x Opera 4x FireFox 5x

Date 物件

語法	**setUTCFullYear(),setUTCMonth(), setUTCDate()**
使用目的	利用 UTC(Coordinated Universal Time, 國際標準時間) 設定 Date 物件中「日期」部分的相關值
說明	■ setUTCFullYear 方法: 使用 UTC 設定 Date 物件中的「年」「月」「日」值, 若「月」「日」參數省略, 則 setUTCFullYear 方法會使用對應的 get 方法自動設定該參數。 ■ setUTCMonth(): 使用 UTC 設定 Date 物件中的「月」「日」值,「月」為必要參數,「日」參數則可省略, 若省略的話, 預設使用呼叫 getUTCDate 方法所得的值, 若是「月」參數值大於 11 或者是負數的話, 儲存的年份會跟著修改。 ■ setUTCDate 方法: 使用 UTC 設定 Date 物件的日期,若給定的「日」參數值是負數, 或大於 Date 物件中所儲存月份的天數, 則日期將會設成「日」參數值減去儲存月份的天數。
語法結構	Date 物件. setUTCFullYear(四位數西元年, 月, 日) Date 物件. setUTCMonth(月, 日) Date 物件. setUTCDate(日)
示範	myDate. setUTCFullYear(2026, 8, 8) 使用國際標準時間「年」「月」「日」對 Date 物件「myDate」進行日期設定。 myDate. setUTCMonth(8, 8) 使用國際標準時間「月」「日」對 Date 物件「myDate」進行日期設定。 myDate. setUTCDate(33) 使用國際標準時間「日」對 Date 物件「myDate」進行日期設定, 如果本例原日期為 2027/ 1/9, 現將「日」參數設為「33」,則設定後的「myDate」物件日期為 2027/2/2。

學習範例　　國際標準時間的 2020 年倒數

設定 Date 物件「countDownDate」的國際標準時間為 2020 年 1 月 1 日, 利用 getTime()取得時間差的毫秒數進行換算秒數倒數。

範例原始碼　Date_setutc.htm

```html
<!doctype html>
<html>
<head>
<meta charset="utf-8">
<title>國際標準時間的2020年倒數</title>
<script type="text/javascript">
countDownDate= new Date
countDownDate.setUTCFullYear(2020,0,1)
function countDown(){
countDate= new Date()
overSeconds= (countDownDate.getTime()- countDate.getTime())
document.forms[0][0].value= Math.floor(overSeconds/1000)
setTimeout("countDown()",1000)
}
</script>
</head>
<body onload="countDown()">
<form name="myForm">
距國際標準時間的 2020年 還有:
<input type="text" />秒
<br><img name="myPic" src="img/hh.jpg" />
</form>
</body></html>
```

Edge 4x IE 12.x Chrome 5x Opera 4x FireFox 5x

Part 02

	Date 物件
語法	**getUTCHours(), getUTCMinutes(), getUTCSeconds(), getUTCMilliseconds()**
使用目的	取得 UTC (Coordinated Universal Time, 國際標準時間) 中的「時間」部分的相關資訊
說明	■ getUTCHouse 方法會使用 UTC 傳回一個介於 0 到 23 之間的整數, 代表從午夜開始的小時數。 ■ getUTCMinutes 方法會使用 UTC 傳回儲存在 Date 物件中的一個介於 0 到 59 之間的整數分鐘值。 ■ getUTCSeconds 方法會使用 UTC 傳回儲存在 Date 物件中的一個介於 0 到 59 之間的整數秒數值。 ■ getUTCMilliseconds 方法會使用 UTC 傳回 Date 物件中的毫秒值, 其值介於 0 到 999 之間。
語法結構	Date 物件. getUTCHouses() Date 物件. getUTCMinutes() Date 物件. getUTCSecond() Date 物件. getUTCMilliseconds()
示範	myHour= myDate. getUTCHours() 取得Date物件「myDate」中的國際標準時間小時值並存入變數myHour中。 myMinute = myDate. getUTCMinutes() 取得Date物件「myDate」中的國際標準時間分鐘值並存入變數myMinutes中。 mySecond = myDate. getUTCSeconds() 取得Date物件「myDate」中的國際標準時間分鐘值並存入變數mySecond中。 document.write((new Date()). getUTCMilliseconds()) 建立一個Date物件, 並從該Date物件中取出國際標準時間毫秒值作輸出。

學習範例	顯示國際標準時間

取得目前國際標準時間的小時、分鐘、秒數、毫秒數加以組合顯示。

範例原始碼	Date_getutchours.htm

```
<!doctype html>
<html>
<head>
<meta charset="utf-8">
<title>顯示國際標準時間</title>
<script type="text/javascript">
 myDate= new Date()
 realTimes= "國際標準時間 " + myDate.getUTCHours() + " : "
 realTimes= realTimes + myDate.getUTCMinutes() + " : "
 realTimes= realTimes + myDate.getUTCSeconds() + "."
 realTimes= realTimes + myDate.getUTCMilliseconds()
 document.write(realTimes)
</script>
</head>
<body>
<br /><img src="img/z0.jpg" />
</body></html>
```

學習範例	顯示世界各地主要城市時間

取得目前國際標準時間的小時、分鐘、秒數、毫秒數, 並將小時值加上城市當地與國際標準時間的時差組合顯示。

範例原始碼　　**Date_getutchours_a.htm**

```html
<!doctype html>
<html>
<head>
<meta charset="utf-8">
<title>顯示世界各地主要城市時間</title>
<script type="text/javascript">
var x
function wordTime(){
 x=0
 myDate= new Date()
 cityTime("台北",8)
 cityTime("紐約",-5)
 cityTime("倫敦",0)
 cityTime("巴黎",1)
 cityTime("關島",10)
 cityTime("夏威夷",-10)
 cityTime("北海道",9)
 setTimeout("wordTime()",1000)
}
function cityTime(city,myTime){
  realUTCh= myDate.getUTCHours()
  realUTCm= myDate.getUTCMinutes()
  realUTCs= myDate.getUTCSeconds()
  realUTCms= myDate.getUTCMilliseconds()
  with(document){
  forms[0][x].value=city + " :  " + (realUTCh+myTime) + ":" + (realUTCm) + ":" + (realUTCs) + "." + (realUTCms)
  x++
  }
}
</script>
</head><body onLoad="wordTime()">
<form name="myForm"><table><tr><td>
<input type="text" /><br />
<input type="text" /><br />
<input type="text" /><br />
<input type="text" /><br />
<input type="text" /><br />
<input type="text" /><br />
<input type="text" /></td>
<td><img src="img/z1.jpg" /></td>
</tr></table>
</form>
</body></html>
```

Date 物件

語法	**setUTCHours(),setUTCMinutes(),setUTC Seconds(),setUTCMilliseconds()**
使用目的	利用 UTC(Coordinated Universal Time, 國際標準時間) 設定 Date 物件中「時間」部分的相關值
說明	■ 國際標準時間「時間」部分的使用與 setHouse()、setMinutes()、setSeconds ()、setMilliseconds 方法相同。 ■ setUTCHouse()、setUTCMinutes()、setUTCSeconds()、setUTCMilliseconds(), 分別為使用 UTC 設定 Date 物件中的小時值、分鐘值、秒數值、毫秒值。
語法結構	Date物件. setUTCHouses(小時, 分鐘, 秒數, 毫秒數) Date 物件. setUTCMinutes(分鐘, 秒數, 毫秒數) Date 物件. setUTCSecond(秒數, 毫秒數) Date 物件. setUTCMilliseconds(毫秒數) 小時: 0~23；分鐘: 0~59；秒: 0~59；毫秒數: 0~999。
示範	myDate. setUTCHours(6, 8, 8, 588) 使用國際標準時間「小時」「分鐘」「秒數」「毫秒數」對 Date 物件「myDate」進行時間 設定。 myDate. setUTCHours(23) 使用國際標準時間「小時」對 Date 物件「myDate」進行時間設定, 省略的「分鐘」「秒數」「毫秒數」參數使用對應的 getUTCMinutes 方法自動設定。 myDate. setUTCMinutes(17, 9, 958) 使用國際標準時間「分鐘」「秒數」「毫秒數」對 Date 物件「myDate」進行時間設定。 myDate. setUTCSeconds(25) 使用國際標準時間「秒數」對 Date 物件「myDate」進行時間設定, 省略的「毫秒數」參數使用對應的 getUTCMilliseconds 方法自動設定。

學習範例　國際標準時間的明日倒數

設定 Date 物件「countDownDate」的國際標準時間為 23 時 59 分 59.999 秒, 利用 getTime() 取得時間差的毫秒數進行換算秒數倒數。

範例原始碼　Date_setutchours.htm

```
<!doctype html>
<html>
<head>
<meta charset="utf-8">
<title>國際標準時間的明日倒數</title>
<script type="text/javascript">
countDownDate= new Date
countDownDate.setUTCHours(23,59,59,999)
function countDown(){
countDate= new Date()
overSeconds= (countDownDate.getTime()- countDate.getTime())
document.forms[0][0].value= Math.floor(overSeconds/1000)
setTimeout("countDown()",1000)
}
</script>
</head>
<body onload="countDown()">
<form name="myForm">
距新的一天來臨 還有:
<input type="text" />秒
<br />
<img name="myPic" src="img/z2.jpg" />
</form>
</body>
</html>
```

Date 物件

語法	**getTimezoneOffset()**
使用目的	取得 UTC(Coordinated Universal Time, 國際標準時間) 與主機電腦時間之間的分鐘差
說明	如果主機時間在 UTC 之後的話, getTimezoneOffset 方法的傳回值是正數(如台灣, 傳回480);如果主機時間在 UTC 之前, 則傳回值會是負數(如紐約, 傳回 -300)
語法結構	Date 物件. getTimezoneOffset()
示範	myOffset = myDate. getTimezoneOffset() 取得主機時間與 Date 物件「myDate」中國際標準時間值之間的分鐘差存入變數 myOffset 中。

學習範例　　國際標準時間的時差判別

利用 Date 物件的 getTimezoneOffser 方法取得國際標準時間與使用者電腦時間之間的分鐘差, 該值除以 60 即為時區時差, 依時差值概分地域, 不同地域變換不同的圖片。

範例原始碼	Date_offset.htm

```
<!doctype html>
<html>
<head>
<meta charset="utf-8">
<title>國際標準時間的時差判別</title>
<script type="text/javascript">
offsetDate= new Date
offseth=-(offsetDate.getTimezoneOffset()/60)
document.write("你的時區: GMT " + offseth + "<br />")
if (offseth<=-3 && offseth>-8){
 document.write("<img src='img/z0.jpg'><br />")
 document.write("你的地理位置應該在美洲")
}else if (offseth>=-3 && offseth<3){
 document.write("<img src='img/z1.jpg'><br />")
 document.write("你的地理位置應該在歐洲或非洲")
}else if (offseth<=8 && offseth>3){
 document.write("<img src='img/z2.jpg'><br />")
 document.write("你的地理位置應該在亞洲")
}else{
 document.write("<img src='img/z3.jpg'><br />")
 document.write("你的地理位置應該在太平洋或大洋洲")
}
</script>
</head><body></body></html>
```

Date 物件	
語法	**toGMTString(), toUTCString(),** **toLocaleString(), toString()**
使用目的	**傳回 Date 物件中轉換為字串的日期**
說明	■ toGMTString 方法：傳回使用 GMT(Creenwich Mean Time) 轉換為字串的日期，此方法只是為了回溯相容性，應避免使用而改用 toUTCString 方法。 ■ toUTCSTring 方法：傳回使用 UTC(Coordinated Universal Time) 轉換為字串的日期。 ■ toLocaleString 方法：傳回包含以目前地區設定的長預設格式所表示的日期的字串。西元 1601 到 9999 年之間的日期會根據使用者的控制台 / 地區設定來設定格式，超出範圍以外的日期，則使用 toString 方法的預設格式。 ■ toString 方法：傳回本地日期時間轉換為字串的日期。
語法結構	Date 物件 . toGMTString() Date 物件 . toUTCString() Date 物件 . toLocaleString() Date 物件 . toString()
示範	myStr = myDate. toUTCString() 取得Date物件「myDate」中以UTC轉換為字串的日期資料存入變數myStr中。 myStr = myDate. toLocaleString() 取得Date物件「myDate」中本地日期時間以使用者控制台/地區設定格式轉換為字串的日期資料存入變數myStr中。 myStr = myDate. toString() 取得Date物件「myDate」中本地日期時間轉換為字串的日期資料存入變數myStr中。

學習範例　　日期轉換格式識別

toGMTString(), toUTCString(), toLocaleString(), toString()

範例原始碼　Date_tostring.htm

```
<!doctype html>
<html>
<head>
<meta charset="utf-8">
<title>日期轉換格式識別</title>
<script type="text/javascript">
myDate= new Date()
document.write("toGMTString方法: " + myDate.toGMTString() + "<br />")
document.write("toUTCString方法: " + myDate.toUTCString() + "<br />")
document.write("toLocaleString方法: " + myDate.toLocaleString() + "<br />")
document.write("toString方法: " + myDate.toString() + "<br />")
</script>
</head>
<body><img src="img/a8.jpg" />
</body></html>
```

Edge 4x | IE 12.x | Chrome 5x | Opera 4x | FireFox 5x

Date 物件

語法	UTC(), parse()
使用目的	取得 1970 年 1 月 1 日午夜 12 點到指定日期之間的毫秒數
說明	■ UTC 方法會傳回國際標準時間 (UTC 或 GMT) 1970 年 1 月 1 日午夜開始到指定日期之間的毫秒數。 ■ parse 方法會剖析包含有日期的字串,然後傳回該日期與 1970 年 1 月 1 日午夜之間的毫秒數。
語法結構	Date. UTC(年 , 月 , 日 , 時 , 分 , 秒 , 毫秒) 時, 分, 秒, 毫秒等參數可省略 Date. parse(日期時間)
示範	myNum = Date. UTC(2099, 9, 9) 取得 1970 年 1 月 1 日到 2099 年 9 月 9 日之間的毫秒數存入變數 myNum 中。 myNum = Date. parse("2020/5/5 22:15:38") 取得1970年1月1日到2020年5月5日22時15分38秒之間的毫秒數存入變數 myNum 中。 myNum = Date. parse("2099/9/9") 取得 1970 年 1 月 1 日到 2099 年 9 月 9 日之間的毫秒數存入變數 myNum 中。

學習範例　　設定 Cookies 使用期限

範例原始碼　　**Date_parse.htm**

```html
<!doctype html>
<html>
<head>
<meta charset="utf-8">
<title>設定Cookies使用期限</title>

<script type="text/javascript">
var myCookie
myDate=new Date()
userName= prompt("請問您的姓名？","無名氏")
cookieDate= prompt("請輸入Cookie有效日期!","2027/12/31")
if (userName){
myCookie= "userName=" + escape(userName) + ";"
document.write("你的大名: " + userName + "<br />")
}else{
myCookie= "userName=" + escape("神秘人") + ";"
document.write("你的大名: 神秘人" + "<br />")
}

if (cookieDate){
cookieTime= Date.parse(cookieDate)
myDate.setTime(cookieTime)
myCookie= myCookie + "expires=" + myDate.toUTCString()
document.write("Cookie有效期限: " + cookieDate + "<br />")
}else{
cookieTime= Date.parse("2027/12/31")
myDate.setTime(cookieTime)
myCookie= myCookie + "expires=" + myDate.toUTCString()
document.write("Cookie有效期限: " + cookieDate + "<br />")
}

document.cookie= myCookie
</script>

</head>
<body>
<img src="img/a12.jpg" />
</body>
</html>
```

Edge 4x | IE 12.x | Chrome 5x | Opera 4x | FireFox 5x

Array 物件

語法	**length**
使用目的	**取得 / 設定陣列長度**
說明	■ Length 屬性傳回比陣列所定義的最高元素還多 1 的整數值。 ■ 如果指定給 length 屬性的值小於之前的指定值，就會截斷陣列，且任何索引值等於或大於 length 屬性新值的元素也都會消失。 ■ 如果指定給 length 屬性的值大於前一個值，則陣列會隨著增大，但不會建立新的元素。
語法結構	陣列物件 . length
示範	arrayNum = myArray. length 取得陣列長度並存入變數 arrayNum 中。 myArray. Length = 5 重新指定陣列 myArray 的長度，陣列長度 5 可放置索引值 0~4 等 5 個陣列元素。

學習範例　　隨機顯示圖片

建立可存放 5 個元素的陣列 myArray，將 5 個圖片的連結來源資料存入陣列，以亂數隨機取出陣列中元素的資料，並指定顯示圖片的連結來源。

範例原始碼　Array_length.htm

```
<!doctype html>
<html>
<head>
<meta charset="utf-8">
<title> 隨機顯示圖片 </title>
</head>
<body>
<script type="text/javascript">
myArray= new Array()
myArray.length=5
for(x=0; x<myArray.length ;x++){
 myArray[x]="img/s" + x + ".jpg"
}
document.write(myArray + "<br />")
picNum=Math.floor(Math.random() * myArray.length)
document.write(" 隨機顯示圖片 : ")
document.write(myArray[picNum].fontcolor("#FF0000") + "<br />")
document.write("<img src='" + myArray[picNum] + "' />")
</script>
</body>
</html>
```

Edge 4x

IE 12.x

Chrome 5x

Opera 4x

FireFox 5x

Array 物件

語法	**slice()**
使用目的	**取得現有陣列的一個區段項目內容成為新陣列**
說明	■ slice 方法會複製現有陣列內的指定範圍元素成為一個新陣列。 ■ 使用 slice 方法必須給予 2 個參數，陣列中指定部份開頭的索引、以及陣列中指定部份結尾的索引。 ■ slice 方法會複製元素一直到結尾索引參數所代表的元素，但並不包括此元素。 ■ 如果省略結尾索引參數，則會摘錄元素一直到陣列的結尾為止；如果結尾索引參數出現在開頭索引參數之前（開頭索引參數 > 結尾索引參數），則將不會複製任何元素到新陣列之中。 ■ 如果開頭索引參數是負值，則這個參數值會被視為是「陣列長度 + 開頭索引」參數；如果結尾索引參數是負值，則這個參數值會被視為是陣列長度 + 結尾索引參數。 TIP：slice() 法主要用於陣列資料的擷取。
語法結構	陣列物件 . slice(開頭索引參數 , 結尾索引參數)
示範	newArray = oldArray. slice(2, 5) 取得 oldArray 陣列中元素索引 2~5 的元素資料而生成新陣列 newArray。

學習範例　　擷取陣列元素成為新陣列

先輸出既有陣列的資料, 擷取既有陣列的元素成為新陣列。取得新陣列內的元素資料成為圖片的連結來源資料。

範例原始碼　Array_slice.htm

```html
<!doctype html>
<html>
<head>
<meta charset="utf-8">
<title>擷取既有陣列中的元素生成新陣列</title>
</head>
<body>
<script type="text/javascript">
oldArray= ["北極熊","img/a1.jpg","黑熊","img/a4.jpg","企鵝","img/a9.jpg"]
document.write(oldArray + "<br />")
newArray=oldArray.slice(2,4)
document.write("<img src='" + newArray[1] + "'><br />")
document.write(newArray[0])
</script>
</body>
</html>
```

學習範例　動態擷取陣列

依使用者不同的選擇動態, 擷取既有陣列的元素成為新陣列。取得新陣列內的元素資料成為輸出的文字內容與圖片的連結來源資料。

範例原始碼 Array_slice_a.htm

```html
<!doctype html>
<html>
<head>
<meta charset="utf-8">
<title> 動物奇觀 , 動態擷取陣列 </title>
<script type="text/javascript">
oldArray= [" 企鵝 ","img/a9.jpg"," 狐狸 ","img/a5.jpg"," 鴿子 ","img/a2.jpg"]
function myOrder(myNum){
 newArray=oldArray.slice(myNum,myNum+2)
 myChg(newArray)
}
function myChg(newArray){
 document.forms[0][0].value=newArray[0]
 document.forms[0][1].value=newArray[1]
 document.myForm.myPic.src=newArray[1]
}
</script>
</head>
<body>
<form name="myForm">
動物名稱 : <input type="text" size="20" /><br />
圖片來源 : <input type="text" size="20" /><br />
<img name="myPic" src="img/a3.jpg" /><br /><br />
<input type="button" value=" 水裡游的 " onclick="myOrder(0)" />
<input type="button" value=" 地上爬的 " onclick="myOrder(2)" />
<input type="button" value=" 天上飛的 " onclick="myOrder(4)" />
</form>
</body>
</html>
```

Edge 4x IE 12.x Chrome 5x Opera 4x FireFox 5x

Array 物件

語法	splice()

使用目的	刪除 / 置換陣列中的元素
說明	■ splice 方法修改陣列的方式是從指定的位置開始移除指定個數的元素,然後插入新元素;若無指定要插入的新元素,則 splice 方法的作用就是刪除陣列中元素。 ■ 被刪除的元素會傳回成為新的陣列物件。 ■ 陣列中要開始移除元素的位置索引從零起始。
語法結構	陣列物件 . splice(位置索引 , 移除個數 , 新元素 1, ..., 新元素 n)
示範	newArray = oldArray. splice(2, 3, "java", "script", " 範例辭典 ") 將 oldArray 陣列中元素索引 2~5 的元素資料置換為「java」「script」「範例辭典」,被刪除的元素則生成新陣列 newArray。

學習範例　　變換圖片,動態置換陣列元素

依據指定置換的位置與置換個數變更陣列中的元素,置換位置與新元素資料藉由按鈕的 onClick 事件呼叫函數chgPic() 時傳遞。

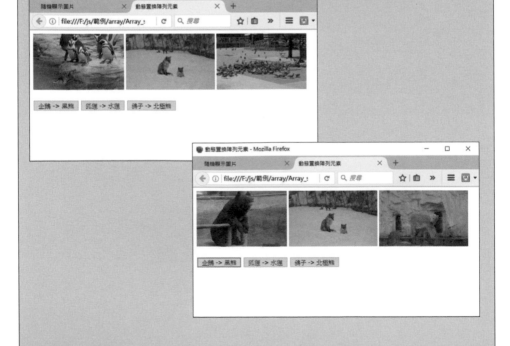

範例原始碼　Array_spice.htm

```html
<!doctype html>
<html>
<head>
<meta charset="utf-8">
<title>動態置換陣列元素</title>
<script type="text/javascript">
oldArray= ["企鵝","img/a9.jpg","狐狸","img/a5.jpg","鴿子","img/a2.jpg"]
function star(){
document.myForm.myPic[0].src=oldArray[1]
document.myForm.myPic[1].src=oldArray[3]
document.myForm.myPic[2].src=oldArray[5]
}
function chgPic(indNum,pic){
oldArray.splice(indNum,1,pic)
star()
}
</script>
</head>
<body onload="star()">
<form name="myForm">
<img name="myPic" width="200" height="125" />
<img name="myPic" width="200" height="125" />
<img name="myPic" width="200" height="125" /><br /><br />
<input type="button" value="企鵝-> 黑熊" onclick="chgPic(1,'img/a4.jpg')" />
<input type="button" value="狐狸-> 水獺" onclick="chgPic(3,'img/a0.jpg')" />
<input type="button" value="鴿子-> 北極熊" onclick="chgPic(5,'img/a1.jpg')" />
</form>
</body>
</html>
```

Edge 4x | IE 12.x | Chrome 5x | Opera 4x | FireFox 5x

Part 02

Array 物件

語法	**reverse(),sort()**
使用目的	**反轉 / 排序陣列中的元素**
說明	■ reverse 方法會直接將陣列中的元素反轉，如果此陣列不是連續的就會在陣列中建立元素，填補陣列中的間隙。 ■ sort 方法會直接將陣列中的元素以遞增的方式來排序 (ASCII 字元的順序)，如果在呼叫 sort() 函數時給予一個排序函數作為參數，則 sort() 函數會以排序函數所傳回的值作為排序的依據，傳回值為正，做遞增排序；傳回值為負，則做遞減排序。 ■ reverse()、sort 方法在執行時並不會生成新的陣列。
語法結構	陣列物件 . reverse() 陣列物件 . sort(排序函數)
示範	newArray = oldArray. reverse() 將 oldArray 陣列中的元素反轉然後存入新陣列 newArray, 陣列 oldArray 的元素亦已完成反轉。 newArray = oldArray. sort() 將 oldArray 陣列中的元素遞增排序然後存入新陣列 newArray, 陣列 oldArray 的元素亦已完成遞增排序。 function myFun(x,y){ return x-y} oldArray. sort(myFun(x,y)) 將 oldArray 陣列中的元素依據排序函數myFun()所傳回的值進行地增或遞減排序。

學習範例　　數值陣列元素排序與反轉

建立數值陣列 oldArray，依據排序函數的回傳值進行排序，將最後一次的陣列排序結果再加以反轉。

範例原始碼　Array_reverse.htm

```html
<!doctype html>
<html>
<head>
<meta charset="utf-8">
<title>數值陣列元素排序與反轉</title>
</head>
<body>
魚類數量：<br />
沙丁魚:500隻;
鯊魚:250隻;
小丑魚:600隻;
鯨魚:150隻<br />
<img src="img/w0.jpg" /><br />
<script type="text/javascript">
oldArray= [5000,250,600,150]
function myUpSort(x,y) { return x-y }
document.write("數量遞增排序:".fontcolor("#FF0000") + oldArray.sort(myUpSort) + "<br />")
function myDownSort(x,y) { return y-x }
document.write("數量遞減排序:".fontcolor("#00FF00") + oldArray.sort(myDownSort) + "<br />")
document.write("反轉遞減排序:".fontcolor("#0000FF") + oldArray.reverse() + "<br />")
</script>
</body>
</html>
```

Edge 4x　IE 12.x　Chrome 5x　Opera 4x　FireFox 5x

Part 02

Array 物件

語法	**concat()**
使用目的	**將現有陣列加入新元素**
說明	■ concat 方法會傳回一個新陣列物件，其中包含現有陣列和其他提供元素的串連結果。加入至陣列裡的元素會由左而右加入，如果加入的元素不是陣列，它將加入至陣列的結尾作為單一的陣列元素。 ■ 如果加入至陣列裡的元素本身就是陣列，那麼它的元素將依序加入至現有陣列的結尾。 TIP：concat 方法主要用於串接不同陣列的元素資料
語法結構	陣列物件 . concat(新元素或陣列 1,..., 新元素或陣列 n)
示範	newArray =yourArray. concat(myArray) 將 yourArray 與 myArray 陣列中的元素串接，然後存入新陣列 newArray。 newArray = yourArray. concat(5 , 6) 將 yourArray 陣列中的元素串接新元素，然後存入新陣列 newArray。

學習範例　　**串接不同陣列的元素資料成為新陣列**

在飯類菜單陣列 orderA 與麵類菜單陣列 orderB 隨機選取元素。串接飯類菜單陣列 orderA 與麵類菜單陣列 orderB，在重新陣列中隨機選取元素。

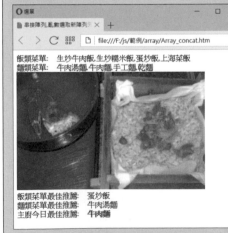

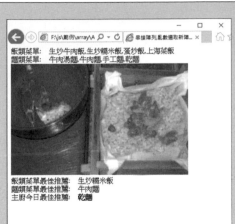 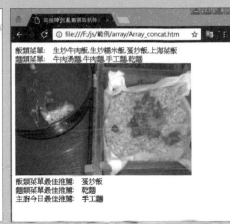

範例原始碼   **Array_concat.htm**

```
<!doctype html>
<html>
<head>
<meta charset="utf-8">
<title>串接陣列,亂數選取新陣列元素</title>

<script type="text/javascript">
orderA = new Array("生炒牛肉飯","生炒糯米飯","蛋炒飯","上海菜飯")
orderB = new Array("牛肉湯麵","牛肉麵","手工麵","乾麵")
document.write("飯類菜單：    " + orderA + "<br />")
document.write("麵類菜單：    " + orderB + "<br />")
</script>

</head>
<body>
<img src="img/ff.jpg" /><br />

<script language="javascript">
orderArand=Math.floor(Math.random() * orderA.length)
document.write("飯類菜單最佳推薦：    " + orderA[orderArand] + "<br />")
orderBrand=Math.floor(Math.random() * orderB.length)
document.write("麵類菜單最佳推薦：    " + orderB[orderBrand] + "<br />")
orderMy=orderA.concat(orderB)
orderMyrand=Math.floor(Math.random() * orderMy.length)
document.write("主廚今日最佳推薦：    " + orderMy[orderMyrand].bold())
</script>

</body>
</html>
```

Edge 4x IE 12.x Chrome 5x Opera 4x FireFox 5x

Array 物件

語法	**Join()**
使用目的	**串接陣列中的所有元素，並用特定的分隔字元來分隔**
說明	■ join 方法會依特定的分隔字元進行陣列中元素的串接，其回傳值為一字串。 ■ 若省略串接元素的分隔字元，陣列元素間預設用逗號來分隔。 ■ 如果陣列元素為 undefined 或是 null，將會視為是空字串。
語法結構	陣列物件 . join(新分隔字元)
示範	newValue =yourArray. join(myArray) 將 yourArray 陣列中的元素以「,」逗號串接成字串，然後存入變數 newValue。 newValue =yourArray. join("/") 將 yourArray 陣列中的元素以「/」左斜線串接成字串，然後存入變數 newValue。 document.Write(yourArray. join("*")) 將 yourArray 陣列中的元素以「*」星號串接成字串輸出。

學習範例　　以特定符號串接陣列元素資料

串接國家名稱的 country 陣列內的元素，並以「＊」（空格-星號-空格）作為元素串接的分隔符號。

範例原始碼　　Array_join.htm

```
<!doctype html>
<html>
<head>
<meta charset="utf-8">
<title>輸出串接陣列元素的字串</title>
<script type="text/javascript">
country = new Array("香港","美國","新加坡","台灣","俄羅斯","加拿大","日本","韓國")
joinCountry=country.join(" * ")
document.write(joinCountry + "<br />")
document.write("我住在: " + country[3] + "<br />")
</script>
</head>
<body>
<img src="img/IMG_20160821_161322.jpg"><br />
</body>
</html>
```

Array 物件

語法	**pop(), push()**

使用目的	**移除 / 增加陣列的最後一個元素**
說明	■ pop 方法會移除陣列的最後一個元素，然後傳回被刪除的元素。 ■ push 方法會附加新元素到陣列中，並傳回陣列的新長度。 ■ push 方法會將元素依加入的順序附加到陣列尾端，如果加入的元素是一個陣列，會將此陣列當成一個元素加上去（以逗號串接陣列元素成一個字串，並將此字串視為一個要加入的新元素）。
語法結構	陣列物件 . pop() 陣列物件 . push(新元素或陣列 1,..., 新元素或陣列 n)
示範	nValue =yourArray. push(" 南非 ") 在 yourArray 陣列的最尾端加入新元素「南非」，並將加入新元素後的陣列長度存入變數 nValue 。 document.Write(yourArray.pop()) 將 yourArray 陣列中的最後一個元素刪除並輸出被刪除的陣列元素。

學習範例 **新增與刪除陣列最後一個元素**

建立空陣列 myorder，當菜單按鈕被按下時將按鈕的 value 值 (菜名) 當成新元素加入陣列最尾端。按下「刪除你點的上一道菜」按鈕，則利用 pop 方法刪除陣列中最後一個元素。

範例原始碼　　Array_pop.htm

```
<!doctype html>
<html>
<head>
<meta charset="utf-8">
<title> 陣列元素的新增與刪除 </title>
<script type="text/javascript">
myOrder=new Array()
function addOrder(newItem){
myOrder.push(newItem)
document.myForm.yourOrder.value=myOrder
}
function delOrder(){
myOrder.pop()
document.myForm.yourOrder.value=myOrder
}
</script>
</head>
<body>
<form name="myForm">
請點菜 : <br>
<input type="button" value=" 紅松雞 " onclick="addOrder(this.value)" />
<input type="button" value=" 八寶鴨 " onclick="addOrder(this.value)" />
<input type="button" value=" 椒鹽排骨 " onclick="addOrder(this.value)" />
<input type="button" value=" 螞蟻上樹 " onclick="addOrder(this.value)" />
<input type="button" value=" 油豆腐粉絲湯 " onclick="addOrder(this.value)" />
<br /><img src="img/pop.jpg" /><br />
<input type="text" name="yourOrder" size="55" /><br />
<input type="button" value=" 刪除你點的上一道菜 " onclick="delOrder()" />
</form>
</body>
</html>
```

Array 物件	
語法	**shift(), unshift()**
使用目的	移除 / 增加陣列的第一個元素
說明	■ shift 方法會移除陣列的第一個元素，然後傳回被刪除的元素。 ■ unshift 方法會將新元素依加入的順序附加到陣列開頭，如果加入的元素是一個陣列，會將此陣列當成一個元素加上去（以逗號串接陣列元素成一個字串，並將此字串視為一個要加入的新元素）。
語法結構	陣列物件 . shift() 陣列物件 . unshift(新元素或陣列 1,..., 新元素或陣列 n)
示範	yourArray. unshift(" 南非 ") 在 yourArray 陣列的最前端加入新元素「南非」。 document.Write(yourArray.shift()) 將 yourArray 陣列中的第一個元素刪除並輸出被刪除的陣列元素。

學習範例　新增與刪除陣列中第一個元素

建立空陣列 myorder，甜點按鈕被按下時，將按鈕的 value 值當成新陣列元素加入陣列的開頭。按下「刪除你菜單中的第一道甜點」按鈕，則利用 shift 方法刪除陣列中第一個元素。

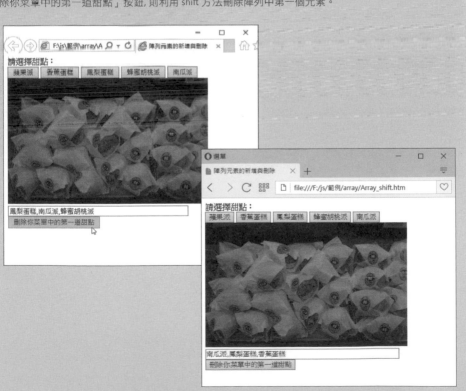

範例原始碼 **Array_shift.htm**

```
<!doctype html>
<html>
<head>
<meta charset="utf-8">
<title> 陣列元素的新增與刪除 </title>
<script type="text/javascript">
myOrder=new Array()

function addOrder(newItem){
myOrder.unshift(newItem)
document.myForm.yourOrder.value=myOrder
}

function delOrder(){
myOrder.shift()
document.myForm.yourOrder.value=myOrder
}
</script>
</head>
<body>
<form name="myForm">
請選擇甜點：<br>
<input type="button" value=" 蘋果派 " onclick="addOrder(this.value)" />
<input type="button" value=" 香蕉蛋糕 " onclick="addOrder(this.value)" />
<input type="button" value=" 鳳梨蛋糕 " onclick="addOrder(this.value)" />
<input type="button" value=" 蜂蜜胡桃派 " onclick="addOrder(this.value)" />
<input type="button" value=" 南瓜派 " onclick="addOrder(this.value)" />
<br /><img src="img/pn.jpg" /><br />
<input type="text" name="yourOrder" size="55" /><br />
<input type="button" value=" 刪除你菜單中的第一道甜點 " onclick="delOrder()" />
</form>
</body>
</html>
```

Edge 4x	IE 12.x	Chrome 5x	Opera 4x	FireFox 5x

Math 物件

語法	**max(), min()**

使用目的	**進行數值的大小比較並取得最大值或最小值**
說明	■ max 方法會進行數值的大小比較，然後傳回比零或提供的數值、數值運算式參數中最大的一項。 ■ min 方法會進行數值的大小比較，然後傳回比零或提供的數值、數值運算式參數中最小的一項。
語法結構	Math. max(數值運算式 1, 數值運算式 2,..., 數值運算式 n) Math. min(數值運算式 1, 數值運算式 2,..., 數值運算式 n)
示範	myNum = Math. max(88, 65) 對提供的數值參數 88、65 進行比較並將比較後的最大數值存入變數 myNum 中。 myNum = Math. min(88, 65) 對提供的數值參數 88、65 進行比較並將比較後的最小數值存入變數 myNum 中。 myNum = Math. min(88, (66-30)) 對提供的數值參數 88、運算式的結果進行比較並將比較後的最小數值存入變數 myNum 中。 myNum = Math. max((88-x), (66+y), 77) 對提供的運算式參數 (88-x) 、(66+y) 的運算結果、參數數值 77 進行比較並將比較後 的最大數值存入變數 myNum 中。

學習範例　　用圖片組成矩形

亂數選出兩個介於 0~9 的數值, max 方法取出最大值存入變數 maxNum , min 方法取出最大值存入變數 minNum , 使用雙 for 迴圈敘述以 maxNum、maxNum 為迴圈終止參考作圖片輸出。

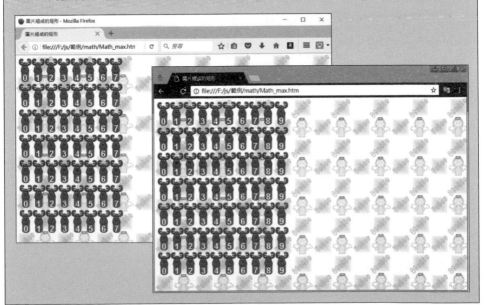

max(), min()

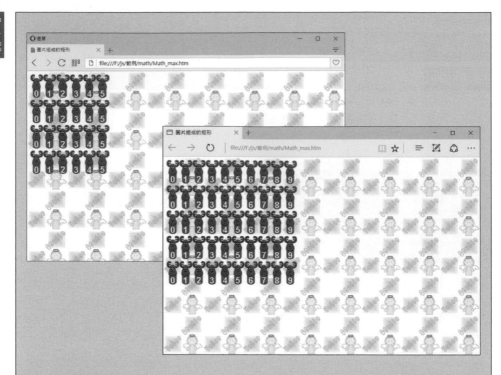

範例原始碼　Math_max.htm

```
<!doctype html>
<html>
<head>
<meta charset="utf-8">
<title> 圖片組成的矩形 </title>
<script type="text/javascript">
numA= Math.floor(Math.random()*10)
numB= Math.floor(Math.random()*10)
minNum= Math.max(numA, numB)
maxNum= Math.min(numA, numB)
for (x=0; x<=maxNum; x++){
 for (y=0; y<=minNum; y++){
  document.write("<img src='img/a" + y + ".gif' />")
 }
 document.write("<br />")
}
</script>
</head>
<body background="img/bga.gif" />
</body></html>
```

Edge 4x　IE 12.x　Chrome 5x　Opera 4x　FireFox 5x

Math 物件

語法	**pow(), sqrt()**
使用目的	**次方 / 平方根計算**
說明	■ pow 方法會傳回基底數值參數經過指定次方數值參數運算後的運算式值。 ■ sqrt 方法會傳回指定數值參數的平方根。
語法結構	Math. pow(基底 , 次方數) Math. sqrt(數值)
示範	myNum = Math. pow(8, 5) 對提供的基底參數進行次方運算 (本例 8 的 5 次方) 並將運算結果存入變數 myNum 中。 myNum = Math. sqrt(9) 對提供的數值參數 9 進行取平方根計算並運算結果 (3) 存入變數 myNum 中。

學習範例　　依指定基數與次方進行運算

請使用者輸入基數與次方數, 輸出指定基數的平方根值, 並輸出指定基數與指定次方數運算結果。

這個網頁顯示：　　　　　　　　　　×

請輸入基底：

13

☐ 防止此網頁產生其他對話方塊。

確定　取消

這個網頁顯示：　　　　　　　　　　×

請輸入次方數：

13

☐ 防止此網頁產生其他對話方塊。

確定　取消

① file:///F:/js/範例/math/Math_pow.htm

基底13的平方根為: 3.605551275463989

基底13的13次方: 13^{13}=302875106592253

範例原始碼　　Math_pow.htm

```
<!doctype html>
<html>
<head>
<meta charset="utf-8">
<title> 依指定基數與次方進行運算 </title>
<script type="text/javascript">
basNum= prompt(" 請輸入基底 :","")
expNum= prompt(" 請輸入次方數 :","")
numA= Math.floor(Math.random()*10)
document.write(" 基底 " + basNum + " 的平方根為 : " + Math.sqrt(basNum) + "<br /><br />")
document.write(" 基底 " + basNum + " 的 " + expNum + " 次方 : ")
document.write(basNum + expNum.sup() + "=" + Math.pow(basNum, expNum))
</script>
</head>
<body background="img/bgb.gif">
</body></html>
```

Edge 4x IE 12.x Chrome 5x Opera 4x FireFox 5x

Math 物件	
語法	**abs()**
使用目的	**取得絕對值**
說明	■ abs 方法會傳回數值或運算式參數的絕對值，不管參數為正或負，一律傳回正的值。 ■ abs 方法的參數只接受數值或運算結果為數值的運算式，若指定的參數為數值以外的資料型態則會傳回「NaN」。
語法結構	Math. abs(數值或運算式)
示範	myNum = Math. abs(-99) 取得數值「-99」的絕對值存入變數 myNum 中。 myNum = Math. abs(x+y-z) 取得運算式「x+y-z」之結果值的絕對值存入變數 myNum 中。

學習範例　　取得兩指定日期間的天數

請使用者輸入兩日期資料, 不論大小日期輸入的前後順序, 以 abs 方法取得兩日期間的天數差。

範例原始碼　Math_abs.htm

```
<!doctype html>
<html>
<head>
<meta charset="utf-8">
<title> 取得兩指定日期間的天數 </title>
<script type="text/javascript">
startDate= prompt(" 請輸入第一個日期 :","2020/9/16")
startDate= startDate.split("/")
endDate= prompt(" 請輸入第二個日期 :","2020/12/20")
endDate= endDate.split("/")
myDate= new Date(startDate[0],startDate[1],startDate[2])
yourDate= new Date(endDate[0],endDate[1],endDate[2])
myDateNum= myDate.getTime()
yourDateNum= yourDate.getTime()
valDays=Math.ceil(myDateNum- yourDateNum) / (24*60*60*1000)
document.write(startDate[0] + " 年 " + startDate[1] + " 月 " + startDate[2] + " 日 ")
document.write(" 與 " + endDate[0] + " 年 " + endDate[1] + " 月 " + endDate[2] + " 日 相差 ")
document.write( Math.abs(valDays) + " 天 ")
document.write("<br><img src='img/P_20170402_170559.jpg' />")
</script>
</head>
<body></body>
</html>
```

Edge 4x IE 12.x Chrome 5x Opera 4x FireFox 5x

Math 物件	
語法	**random()**
使用目的	**取得介於 0 到 1 之間的虛擬亂數值**
說明	random 方法產生的虛擬亂數介於 0 到 1 之間, 即傳回的數字可以是 0, 但是一律小於 1 (包括 0 但不包括 1)。
語法結構	Math. random()
示範	myNum = Math. random() 亂數取得介於 0 到 1 之間的數值存入變數 myNum 中。 myNum = Math.fool(Math. random() * 13 + 1) 亂數取得介於 1 到 13 之間的整數值存入變數 myNum 中。

學習範例　亂數擲骰子

利用 for 迴圈敘述亂數選出 3 個介於 1~6 的數值 (Math.floor (Math.random() *6+1)),配合取得的數值輸出對應圖片,並輸出 3 個取得數值的合計。

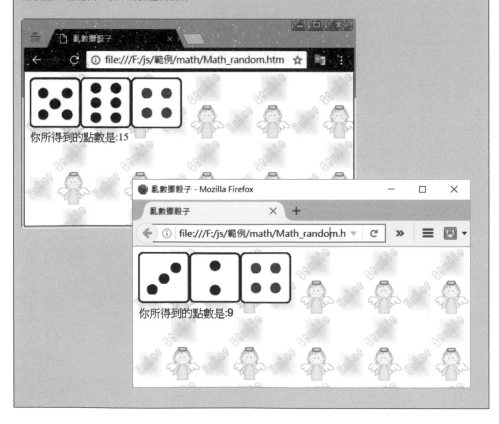

範例原始碼　　Math_random.htm

```html
<!doctype html>
<html>
<head>
<meta charset="utf-8">
<title> 亂數擲骰子 </title>
<script type="text/javascript">
function myRandom(){
 x=Math.floor(Math.random() *6+1)
 return x
}
total=0
for (y=0; y<3; y++){
num=myRandom()
document.write("<img src='img/dice" + num + ".gif' />")
total+=num
}
document.write("<br> 你所得到的點數是 :" + total)
</script>
</head>
<body background="img/bgc.gif"></body>
</html>
```

Edge 4x | IE 12.x | Chrome 5x | Opera 4x | FireFox 5x

Part 02

Math 物件

語法	**round(), ceil(), floor()**

使用目的	**數值中小數的四捨五入 / 無條件進位 / 無條件捨去**
說明	■ round 方法：如果指定的數值參數其小數點部份是 0.5 或大於 0.5，則傳回值為大於數值參數的最小整數；反之，會傳回小於或等於數值參數的最大整數。 ■ ceil 方法：傳回值為大於或等於數值參數的最小整數 (小數無條件進位)。 ■ floor 方法：傳回值為小於或等於數值參數的最大整數 (小數無條件捨去)。
語法結構	Math. round(數值或運算式) Math. ceil(數值或運算式) Math. floor(數值或運算式)
示範	myNum = Math. round(x/y) 將運算式「x/y」的運算結果小數部分四捨五入並存入變數 myNum 中。 myNum = Math. ceil(13.49) 將數值「13.49」小數部分無條件進位成「14」並存入變數 myNum 中。 myNum = Math. ceil(66.99) 將數值「66.99」小數部分無條件捨去成「66」並存入變數 myNum 中。

學習範例　　數值小數部分的處理

請使用者輸入 1 個數值 myNum，對此輸入值進行平方根計算，以平方根運算結果為對象驗證 round、ceil、floor 等方法 (四捨五入 /無條件進位 / 無條件捨去) 的傳回值。

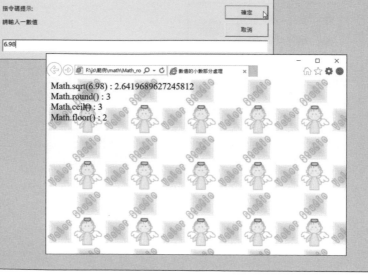

```
<!doctype html>
<html>
<head>
<meta charset="utf-8">
<title>數值的小數部分處理</title>
<script type="text/javascript">
myNum= prompt("請輸入一數值","3.33")
roundNum= Math.round(Math.sqrt(myNum))
ceilNum= Math.ceil(Math.sqrt(myNum))
floorNum= Math.floor(Math.sqrt(myNum))
document.write("Math.sqrt(" + myNum +") : " + Math.sqrt(myNum) + "<br />")
document.write("Math.round() : " + roundNum + "<br />")
document.write("Math.ceil() : " + ceilNum + "<br />")
document.write("Math.floor() : " + floorNum + "<br />")
</script>
</head>
<body background="img/bga.gif"></body>
</html>
```

學習範例　　周年慶, 用餐一律 88 折結帳

設計菜單讓使用者點菜, 在「結算」按鈕按下時引用 onClick 事件呼叫函數「myFun」利用 for 迴圈連續判斷哪些餐飲項目被核取, 累計核取項目的價格 (checkbox 的 value 屬性值), 計算出用餐總費用與總費用打 88 折之後的應付金額, 應付金額小數部份以四捨五入為原則。

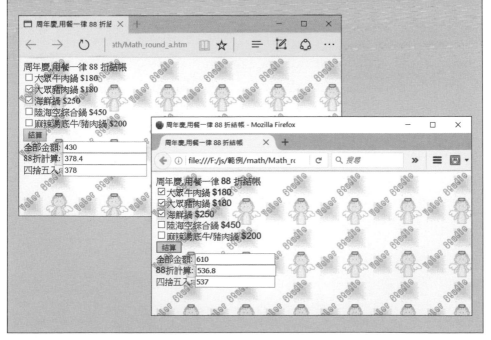

範例原始碼 | **Math_round_a.htm**

```
<!doctype html>
<html>
<head>
<meta charset="utf-8">
<title> 周年慶，用餐一律 88 折結帳 </title>
<script type="text/javascript">
function myFun(){
total=0
for (x=0; x<=4; x++){
 if (document.forms[0][x].checked){
  total += eval(document.forms[0][x].value)
 }
}
document.forms[0][6].value= total
document.forms[0][7].value= total * 0.88
document.forms[0][8].value= Math.round(total * 0.88)
}
</script>
</head>
<body background="img/bgb.gif">
<form name="myForm">
周年慶，用餐一律 88 折結帳 <br />
<input type="checkbox" value="180" /> 大眾牛肉鍋 $180<br />
<input type="checkbox" value="180" /> 大眾豬肉鍋 $180<br />
<input type="checkbox" value="250" /> 海鮮鍋 $250<br />
<input type="checkbox" value="450" /> 陸海空綜合鍋 $450<br />
<input type="checkbox" value="200" /> 麻辣湯底牛 / 豬肉鍋 $200<br />
<input type="button" value=" 結算 " onClick="myFun()"><br />
全部金額 : <input type="text" /><br />
88 折計算 : <input type="text" /><br />
四捨五入 : <input type="text" /><br />
</form>
</body></html>
```

Edge 4x | IE 12.x | Chrome 5x | Opera 4x | FireFox 5x

Math 物件	
語法	**sin(), atan(), cos(), tan(), asin(), acos(),atan2()**
使用目的	三角函數計算
說明	■ sin 方法會傳回數值運算式參數的正弦值;asin 方法會傳回數值運算式參數的反正弦值,傳回數值介於 -pi/2 和 pi/2 之間,如果數值運算式參數小於 -1 或 大於 +1,則傳回 NaN。 ■ cos 方法會傳回數值運算式參數的餘弦值;acos 方法會傳回數值運算式參數的反餘弦值,傳回數值介於 0 和 pi 之間,如果數值運算式參數小於 -1 或大於 +1,則傳回 NaN。 ■ tan 方法會傳回數值運算式參數的正切值;atan 方法會傳回數值運算式參數的反正切值,傳回數值介於 -pl/2 和 pi/2 之間。 ■ atan2 方法會計算兩個指定參數 (Y、X 座標;笛卡兒橫、縱座標的數值運算式) 間的反正切值,而傳回值介於 -pi 和 pi 之間 (代表兩個指定參數間 的角度)。
語法結構	Math. sin(數值或數值運算式) Math. cos(數值或數值運算式) Math. tan(數值或數值運算式) Math. asin(數值或數值運算式) Math. acos(數值或數值運算式) Math. atan(數值或數值運算式) Math. atan2(Y 座標 , X 座標) 數值或數值運算的結果的值應介於 -1 到 +1 之間。
示範	myNum = Math. sin(60 * Math.PI / 180) 以運算式「60 * Math.PI / 180」的運算結果為參數求取正弦值並存入變數 myNum 中。 myNum = Math. cos(0.49) 以數值「0.49」為參數求取餘弦值並存入變數 myNum 中。 myNum = Math. tan(60 * Math.PI / 180) 以運算式「60 * Math.PI / 180」的運算結果為參數求取正切值並存入變數 myNum 中。 myNum = Math. asin(45 * Math.PI / 180) 以運算式「45 * Math.PI / 180」的運算結果為參數求取反正弦值並存入變數 myNum 中。 myNum = Math. acos(0.49) 以數值「0.85」為參數求取反餘弦值並存入變數 myNum 中。 myNum = Math. atan(30 * Math.PI / 180) 以運算式「30 * Math.PI / 180」的運算結果為參數求取反正切值並存入變數 myNum 中。 myNum = Math. atan2(30 , 50) 求取點「50,30」到 X 軸的角度並存入變數 myNum 中。

學習範例　　輸入角度求取正 / 反正弦、餘 / 反餘弦、正 / 反正切等值

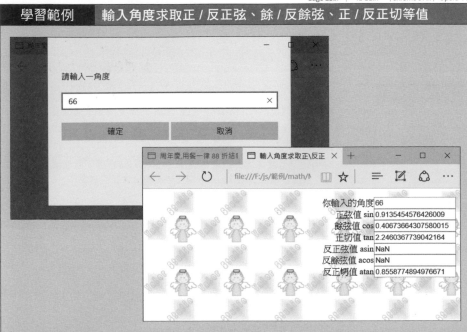

範例原始碼　　Math_sin.htm

```html
<!doctype html>
<html>
<head>
<meta charset="utf-8">
<title> 輸入角度求取正\反正弦、餘\反餘弦、正\反正切等值</title>
<script type="text/javascript">
function myFun(){
myAngle= prompt("請輸入一角度","60")
document.forms[0][0].value= myAngle
document.forms[0][1].value= Math.sin(myAngle * Math.PI / 180)
document.forms[0][2].value= Math.cos(myAngle * Math.PI / 180)
document.forms[0][3].value= Math.tan(myAngle * Math.PI / 180)
document.forms[0][4].value= Math.asin(myAngle * Math.PI / 180)
document.forms[0][5].value= Math.acos(myAngle * Math.PI / 180)
document.forms[0][6].value= Math.atan(myAngle * Math.PI / 180)
}
</script>
</head>
<body onLoad="myFun()" background="img/bgc.gif">
<form name="myForm">
<p align="right">
你輸入的角度<input type="text" /><br />
正弦值 sin<input type="text" /><br />
餘弦值 cos<input type="text" /><br />
正切值 tan<input type="text" /><br />
反正弦值 asin<input type="text" /><br />
```

```
反餘弦值 acos<input type="text" /><br />
反正切值 atan<input type="text" />
</p>
</form>
</body></html>
```

學習範例　　以單按滑鼠時指標所在座標求取角度

範例原始碼　　Math_atan2.htm

```
<!doctype html>
<html>
<head>
<meta charset="utf-8">
<title>以單按滑鼠時指標所在座標求取角度</title>
<script type="text/javascript">
window.onclick = function myFun(){
X= eval(event.x)
Y= eval(event.y)
document.forms[0][0].value= Math.atan2(Y, X) * (180 / Math.PI)
}
</script>
</head>
<body tabindex="1" background="img/bga.gif">
<form name="myForm">
<p align="right">
單按滑鼠時指標所在位置的角度<input type="text" />
</p>
</form>
</body></html>
```

HTML 物件

Edge 4x ｜ IE 12.x ｜ Chrome 5x ｜ Opera 4x ｜ FireFox 5x

location 物件

語法	**host, hostname**
使用目的	伺服器名稱的取得與設定
說明	■ host、hostname 屬性皆可取得目前瀏覽網址的伺服器名稱, 例如「127.0.0.1」或是「www.twbts.com」。 ■ host、hostname 屬性是雙向的, 除了取得屬性值外, 亦可對其屬性值加以指定。 變更 host、hostname 屬性值後瀏覽器會將瀏覽位置移到指定伺服器中去尋找目前瀏覽的網頁, 若網頁不存在於該伺服器, 則產生錯誤頁面。
語法結構	location.host location.hostname
示範	name=location.host 取得伺服器名稱並存入變數「name」。 alert(location.host) 取得伺服器名稱輸出到交談窗。 location.hostname="www.twbts.com" 將目前瀏覽網址的伺服器名稱變更為「www.twbts.com」。 name=location.hostname 取得伺服器名稱並存入變數「name」。

學習範例　　取得/設定目前瀏覽網址的伺服器名稱

網頁載入時, 於交談窗中輸出伺服器名稱。

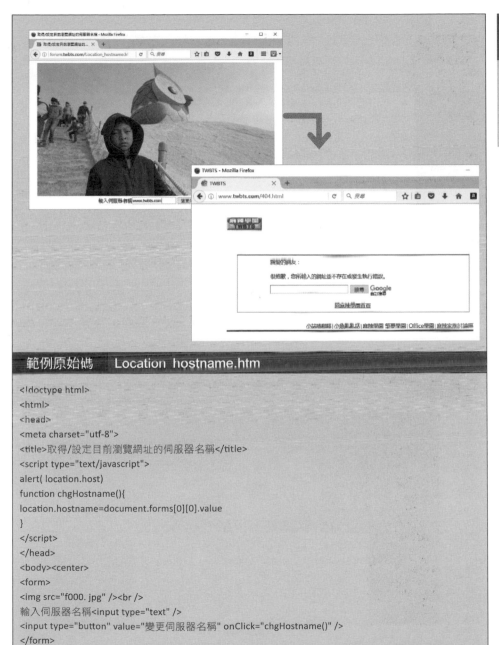

範例原始碼　Location_hostname.htm

```
<!doctype html>
<html>
<head>
<meta charset="utf-8">
<title>取得/設定目前瀏覽網址的伺服器名稱</title>
<script type="text/javascript">
alert( location.host)
function chgHostname(){
location.hostname=document.forms[0][0].value
}
</script>
</head>
<body><center>
<form>
<img src="f000. jpg" /><br />
輸入伺服器名稱<input type="text" />
<input type="button" value="變更伺服器名稱" onClick="chgHostname()" />
</form>
</body>
</html>
```

Edge 4x　IE 12.x　Chrome 5x　Opera 4x　FireFox 5x

Part 03

location 物件	
語法	**port, protocol**
使用目的	**取得 / 設定通訊埠號、通訊協定名稱**
說明	■ Port 屬性值為目前瀏覽網址伺服器名稱 「:」 之後的數值，例如 「http://127.0.0.1:8080」，則 port 屬性值即為 「8080」。 ■ Protocol 屬性值為目前瀏覽網址使用的通訊協定，即網址中伺服器名稱之前的資訊，例如 「http://www.twbts.com」，則 protocol 屬性值即為 「http:」。
語法結構	location.port location.protocol
示範	protocolName=location.protocol 取得目前瀏覽網址的通訊協定名稱並存入變數 「protocolName」。 alert(location.port) 取得目前瀏覽網址的通訊埠號輸出到交談窗。

學習範例　　**通訊協定驗證**

按下「通訊協定驗證」按鈕後出現交談窗，告知瀏覽目前網頁的通訊協定，若通訊協定不是 「http:」 則連結到另一個瀏覽位址。

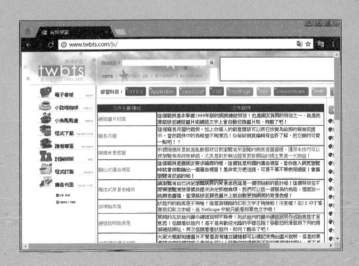

範例原始碼　Location_protocol.htm

```
<!doctype html>
<html>
<head>
<meta charset="utf-8">
<title>通訊協定驗證</title>
<script type="text/javascript">
function chkProtocol(){
alert("目前通訊協定為 " + location.protocol)
if (location.protocol != "http:"){
location.href="http://www.twbts.com/js"
}
}
</script></head>
<body><center><form>
<img src="img/f002.jpg" /><br />
<input type="button" value="通訊協定驗證" onClick="chkProtocol()">
</form></body></html>
```

Edge 4x | IE 12.x | Chrome 5x | Opera 4x | FireFox 5x

location 物件

語法 href

使用目的	宣告函數
說明	■ href 屬性值為目前瀏覽網頁的完整網址, 包含通訊協定、伺服器名稱、網頁所在位置與名稱。 ■ href 屬性是雙向的, 除了取得屬性值外, 亦可對其屬性加以指定, 變更屬性值後瀏覽器網頁會進行跳轉, 將瀏覽位置移到指定的網頁。
語法結構	location.href
示範	hrefName=location.href 取得目前瀏覽網頁的名稱網址存入變數 「hreflName」 。 hrefName=top.frames[2].location.href 取得最上層視窗中索引值2 的頁框視窗目前瀏覽網頁的完整網址存入變數「hreflName」 。 location.href ="http://www.twbts.com/js" 跳轉目前瀏覽網址到 「http://www.twbts.com/js」 。

學習範例　　自動轉換網址

使用 setTimeout 方法 5 秒鐘後執行 「newHome」 函數, 函數中利用 「location.href」 敘述跳轉網頁。

範例原始碼　　Location_href.htm

```
<!doctype html>
<html>
<head>
<meta charset="utf-8">
<title>自動轉換網址</title>
<script type="text/javascript">
function newHome(){
location.href="location_href_a.htm"
}
</script>
</head>
<body><center>
<body OnLoad="setTimeout('newHome()',5000)">
我們已經搬家啦！5秒後帶你前往新家<br />
或是點取下圖立即前往<br />
<a href="#" onclick="newHome()">
<img border=0 src="img/f003.jpg" /></a>
</body>
</html>
```

Edge 4x | IE 12.x | Chrome 5x | Opera 4x | FireFox 5x

location 物件	
語法	**hash**
使用目的	取得 / 設定目前瀏覽的網頁網址中 # 字號後的參數
說明	■ hash 屬性值為目前瀏覽網頁的網址中「 # 」字號後的參數（錨點），也就是 HTML 標籤 <a> 中「name」屬性值。 **TIP**：應用 hash 屬性可以進行網頁內容瀏覽位置的跳轉，等同建立 HTML 標籤「<a href="#xxx">」。
語法結構	locat ion.hash
示範	hashfName=locati on.hash 取得目前網頁內容瀏覽位置的錨點名稱存入變數「 hashName 」。 myHash=top.f rames[1]. location.hash 取得最上層視窗中索引值 1 的頁框視窗目前網頁內容瀏覽位置的錨點名稱存入變數「myHash」。 locat ion.hash ="top" 跳轉網頁內容的瀏覽位置到「 top 」錨點。

學習範例 　圖片切換

利用「 hash 」屬性進行網頁內容的瀏覽位置跳轉。

| 範例原始碼 | Location_hash.htm |

```html
<!doctype html>
<html>
<head>
<meta charset="utf-8">
<title>變換網頁內容的瀏覽位置</title>
<script type="text/javascript">
function chgHash(myHash){
location.hash=myHash
}
</script>
</head><body><center>
<input type="button" value="第1張圖" onClick="chgHash('pic1')" />
<input type="button" value="第2張圖" onClick="chgHash('pic2')" />
<input type="button" value="第3張圖" onClick="chgHash('pic3')" />
<br>圖1<a name="pic1"><img border=0 src="img/f005.jpg" /></a><br />
<br>圖2<a name="pic2"><img border=0 src="img/f006.jpg" /></a><br />
<br>圖3<a name="pic3"><img border=0 src="img/f007.jpg" ></a><br />
<a href="#pic1">第1張圖</a><a href="#pic2">第2張圖</a><a href="#pic3">第3張圖</a>
</body></html>
```

Edge 4x | IE 12.x | Chrome 5x | Opera 4x | FireFox 5x

location 物件

語法	**search**
使用目的	取得 / 設定網址中問號後的參數
說明	■ search 屬性值為目前瀏覽網頁的網址中 「？」 問號後的參數，屬性值中包含「？」 問號。 ■ 設定 search 屬性後，屬性值會加到目前瀏覽網頁的網址中，進行瀏覽位置的跳轉。
語法結構	location.search
示範	mySear ch=location. search 取得目前瀏覽網頁的網址中「 ？」 問號後的參數存入變數「 mySearch」 。 location.search="?top=yes" 在目前瀏覽網頁的網址中加入參數「 top=yes」 然後進行瀏覽位置的跳轉。 document .l inks[1].search="?top=yes" 將網頁中索引值為 1 的超鏈結內容加上參數「 top=yes」 然後進行瀏覽位置的跳轉。

學習範例　　在網址中加入參數並跳轉瀏覽位置

「search」 屬性位超鏈結的連結網址加入搜尋參數, 然後進行瀏覽位置跳轉, 獲得關鍵字搜尋結果。

站外搜尋

範例原始碼　　**Location_search.htm**

```
<!doctype html>
<html><head>
<meta charset="utf-8">
<title>在網址中加入參數並跳轉瀏覽位置</title>
<script type="text/Javascript">
function mySearch(searchItem){
if (searchItem=="inStation"){
keyW= document.forms[0][0].value
document.links[0].search= "?action=search2&search=" + keyW
}else{
keyW= document.forms[0][0].value
document.links[1].search= "?q=" + keyW
}
}
</script>
</head>
<body><center><form name="myForm">
請輸入搜詢關鍵字: <input type="text" name="myText" /><br />
<a href="http://forum.twbts.com/search.php" onClick="mySearch('inStation')" />站內搜尋</a>
<a href="http://www.google.com/custom" onClick="mySearch('outStation')" />站外搜尋</a>
</form><img src="img/f008.jpg" /></body></html>
```

Edge 4x | IE 12.x | Chrome 5x | Opera 4x | FireFox 5x

location 物件

語法	**pathname**
使用目的	**取得 / 設定瀏覽中網頁的完整位置**
說明	■ pathname 屬性值包含目前瀏覽網頁的檔案名稱與路徑位置, 也就是網址中伺服器名稱後的完整資訊, 包含伺服器名稱後的「 / 」左斜線符號。 ■ 設定 pathname 屬性後, 屬性值會加到目前瀏覽網頁的伺服器名稱之後, 並進行瀏覽位置的跳轉。
語法結構	location. pathname
示範	myPath=location.pathname 取得目前瀏覽網頁的網址中伺服器名稱後的完整網頁資訊存入變數「myPath」。 location.pathname="index.htm" 將目前瀏覽網頁的網址中伺服器名稱後的完整網頁資訊變更為「index.htm」然後進行瀏覽位置的跳轉。

學習範例　　指定 pathname 屬性並跳轉瀏覽位置

將目前瀏覽中網頁的完整位置顯示於網頁中, 並依使用者輸入的資料設定 pathname 屬性, 進行瀏覽位置跳轉。

範例原始碼　Location_pathname.htm

```html
<!doctype html>
<html>
<head>
<meta charset="utf-8">
<title>指定pathname屬性並跳轉瀏覽位置</title>
</head>
<body onload="nowPath()"><center>
<script type="text/javascript">
document.write("目前網頁位置完整資訊: " + location.pathname)
function nowPath(){
document.forms[0][0].value= location.pathname
}
function chgPath(){
location.pathname= document.forms[0][0].value
}
</script>
<form name="myForm">
指定 pathname 屬性值: <input type="text" name="myText" />
<input type="button" value="變更" onClick="chgPath()" />
</form>
<img src="img/f009.jpg" />
</body>
</html>
```

Edge 4x | IE 12.x | Chrome 5x | Opera 4x | FireFox 5x

location 物件

語法	**reload( )**
使用目的	**在目前視窗上重新載入網頁**
說明	■ reload 方法可重新載入視窗中的網頁，效果等同 「history.go(0)」 。 ■ reload 方法重新載入網頁的方式會根據指定的參數值 「true、false」 而不同，預設參數值為 false 也就是依瀏覽器的設定規則決定重新載入的方式，以 IE 為例，設定規則在 『網際網路選項 / 一般 / 設定 (網站資料設定)』；若指定參數值為 true，則代表無條件自伺服器重新取得網頁內容來載入。
語法結構	location.reload(true/ false) 參數預設值為 「false」
示範	location.reload( ) 依目前瀏覽器設定規則重新載入視窗中的網頁。 location. reload(t rue) 無條件自伺服器重新取得目前網頁的內容來重新載入。 top. frames[1].location. reload() 依目前瀏覽器設定規則重新載入最上層視窗中索引值 1 的頁框視窗網頁。

學習範例　　在網頁重新載入後隨機變換網頁背景 A

在使用 reload 方法時加入參數 「true」，讓瀏覽器無條件自伺服器重新取得目前網頁的內容來重新載入。

範例原始碼　Location_reload.htm

```
<!doctype html>
<html>
<head>
<meta charset="utf-8">
<title>重新載入網頁時隨機變換網頁背景</title>
<script type="text/javascript">
bgImg=new Array("bga.gif","bgb.gif","bgc.gif")
x=Math.floor(Math.random()*3)
document.write("</head><body background='img/" + bgImg[x] + "'>")
document.write("網頁背景為: " + bgImg[x])
</script>
<center>
<form name="myForm">
<input type="button" value="重新載入網頁" onClick="location.reload(true)" />
</form>
<img src="img/f010.jpg" />
</body></html>
```

Edge 4x IE 12.x Chrome 5x Opera 4x FireFox 5x

location 物件	
語法	**relplace( )**
使用目的	將目前視窗中的網頁以其他網頁取代
說明	replace 方法不僅會跳轉瀏覽網頁，也會變更瀏覽歷史的內容。 **TIP**：replace 方法載入新的網址內容後，瀏覽歷史中目前網頁的網址紀錄將會被新網頁的網址所取代，因此就算使用 history.back() 也不能再看到被取代的舊網頁。
語法結構	location.replace(URL) 參數「URL」是一個網頁位址
示範	location.replace("http://www.twbts.com/js") 將目前瀏覽頁面以新網址「http://www.twbts.com/js」的網頁內容取代，並將目前瀏灠歷史的紀錄以新網址替代。 top.f rames[0] .locat ion.replace(myURL) 將目前最上層視窗中索引值 0 的頁框視窗網頁頁面以變數「myURL」中的網址內容取代，並更新瀏覽歷史的紀錄。

學習範例　　更新瀏覽歷史

由於在「location_replace.htm」使用 replace 方法跳轉網頁, 所以在新網頁載入後, 即使按下瀏覽器工具列的「回到上一頁」或是使用「history.back()」方法也無法再看到「location_replace.htm」。

到新網頁後無法再回到原網頁

範例原始碼　Location_replace.htm

```html
<!doctype html>
<html><head>
<meta charset="utf-8">
<title>更新瀏覽歷史</title>
<script type="text/javascript">
function newHome(){
location.replace("location_replace_a.htm")
}
</script>
</head>
<body onLoad="setTimeout('newHome()',5000)">
<center>
我們已經搬家啦！<br>
5秒後帶你前往新家並更新你的瀏覽歷史
<br /><a href="#" onclick="newHome()">
<img border=0 src="img/f011.jpg" /></a>
</body></html>
```

Edge 4x | IE 12.x | Chrome 5x | Opera 4x | FireFox 5x

document 物件

語法	**title**
使用目的	**取得與設定網頁文件的標題**
說明	■ title 屬性值會出現在視窗的標題列，屬性值來源為網頁文件中 HTML 標籤「\<title\>」與「\</title\>」，主要用來說明該網頁文件的主題。 **TIP**：title 屬性是雙向的，除了取得屬性值外，亦可對其屬性值加以指定。
語法結構	document.title
示範	myTitle=documen t . t itle 取得網頁文件的標題並存入變數「 myTitle 」。 alert(document . title) 在交談窗中顯示網頁文件的標題。 document.title =" 我的網頁 " 將網頁文件的標題變更為「 我的網頁 」。

學習範例　　動態變更網頁標題

網頁載入時，視窗出現預設的網頁文件標題「 動態變更網頁標題 」，於文字欄位輸入自訂的標題並按下「 變更標題 」按鈕即可重新設定網頁文件的標題。

範例原始碼　　Document_title.htm

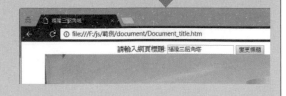

```html
<!doctype html>
<html>
<head>
<meta charset="utf-8">
<title>動態變更網頁標題</title>
<script type="text/javascript">
function changeTitle(){
document.title=document.forms[0][0].value
}
</script>
</head>
<body><center>
<form>
```

```
請輸入網頁標題: <input type="text" />
<input type="button" value="變更標題" onclick="changeTitle()" />
</form>
<img src="img/d0.jpg" />
</body>
</html>
```

學習範例　　動態跑馬燈式的網頁標題

網頁載入時, 動態將陣列中的每一個字串元素依序設定為網頁文件的標題, 並以逐字增加然後逐字減少的方式將網頁文件的標題用動態跑馬燈的方式呈現。

範例原始碼　　Document_title_a.htm

```
<!doctype html>
<html>
<head>
<meta charset="utf-8">
<title>動態跑馬燈式的網頁標題</title>
<script type="text/javascript">
message = new Array (
"我是動態跑馬燈式的網頁標題",
"我最愛 JavaScript 精緻範例辭典")
x= 0
flag= 1
strNum= 0
function scrollTitle(){
window.document.title= message[strNum].
substr(0, x) + "_"
if (flag == 0) {
x--
}else{
x++
}

if (x == -1) {
flag= 1
x= 0
strNum++
strNum= strNum % message.length
}else if (x == message[strNum].length) {
flag= 0
x= message[strNum].length
}
document.title=message[strNum].substr(0, x) +
"_"
setTimeout("scrollTitle()",300)
}
</script>
</head>
<body onLoad="scrollTitle()">
<center><img src="img/d1.jpg" />
</body></html>
```

Edge 4x | IE 12.x | Chrome 5x | Opera 4x | FireFox 5x

document 物件

語法	**URL**
使用目的	**取得與設定網頁文件的完整網頁位址**
說明	■ URL 屬性值為視窗中網頁完整的網址資訊，包括通訊協定、網域名稱、網頁所在路徑與網頁檔案名稱。 ■ URL 屬性值等同應用「location.href」，但 URL 屬性為唯讀，僅可讀取無法設定屬性值。
語法結構	document.URL
示範	myURL=document.URL 取得目前瀏覽中網頁文件的完整網址資訊並存入變數「myURL」。 alert(document.URL) 在交談窗中顯示目前瀏覽中網頁文件的完整網址資訊。

學習範例　在子視窗中顯示父視窗的 URL

當主視窗網頁載入後，在主視窗中設定開啟新的子視窗，並於子視窗中顯示父視窗的「document.URL」屬性值 (屬性值即為主視窗網頁的完整網址資訊)。

範例原始碼　Document_url.htm

```
<!doctype html>
<html>
<head>
<meta charset="utf-8">
<title>遙控子視窗的URL</title>
<script type="text/javascript">
var myWin
myWin= window.open("", "subwin","toolbar=0,
resizable=1")
myWin.document.write("我是子視窗")
myWin.document.write("<br />")
myWin.document.write("<img src='img/f016.jpg'
/>")
myWin.document.write("<br />")
myWin.document.write("我的父視窗URL：" +
document.URL)
</script>
</head><body>
<center>我是父視窗<br />
<img src="img/d2.jpg" />
</body></html>
```

Edge 4x	IE 12.x	Chrome 5x	Opera 4x	FireFox 5x

document 物件

語法	**domain**
使用目的	**取得與設定網頁文件的網域名稱**
說明	■ domain 屬性值為視窗中網頁文件的 「網域名稱」, 例如 「www.twbts.com」 或是 「127.0.0.1」 。 ■ domain 屬性等同 「location.host」 、 「location.hostname」 。
語法結構	document .domai n
示範	myDomain=document. domain 取得目前瀏覽中網頁文件的網域名稱並存入變數 「myDomain」 。 aler t (document. domain) 在交談窗中顯示目前瀏覽中網頁文件的網域名稱。 document. domain ="www.twbts.com" 變更瀏覽中網頁文件的網域名稱為 「www.twbts.com」 。

學習範例　　驗證網頁來源

當網頁載入時呼叫「 domainTest」 函數, 對網頁的網域名稱進行驗證, 若 domain 屬性值不等於特定網域名稱, 則跳轉瀏覽位置到該特定網域。

範例原始碼　Document_domain.htm

```
<!doctype html>
<html>
<head>
<meta charset="utf-8">
<title>驗證網頁來源</title>
<script type="text/javascript">
function domainTest(){
if (document.domain != "www.twbts.com"){
alert("非法瀏覽!!本網頁非來自 www.twbts.com")
window.location="http://www.twbts.com"
}
}
</script>
</head><body onload="domainTest()">
<center>
本網頁版權屬於www.twbts.com所有
<br /><img src="img/d3.jpg" />
</body></html>
```

document 物件

語法	**referrer**
使用目的	**取得目前網頁文件的鏈結來源**
說明	referrer 屬性紀錄當前視窗中網頁文件的的鏈結來源，也就是紀錄當前網頁是由哪一個特定網址連結而來。 TIP：Referrer 屬性值是一個完整的網址資訊。
語法結構	document.referrer
示範	myReferrer=document. referrer 取得目前瀏覽中網頁文件的鏈結來源並存入變數「 myReferrer 」。 alert(document. referrer) 在交談窗中顯示目前瀏覽中網頁文件的鏈結來源。

學習範例　　預防非法連結

判斷網頁文件的鏈結來源「 referrer 」屬性值中是否含有「 128.0.0.1 」的網域資訊，若無則出現警告交談窗，並將瀏覽畫面跳轉回鏈結來源的網頁。

範例原始碼　　Document_referrer.htm

```
<!doctype html>
<html>
<head>
<meta charset="utf-8">
<title>預防非法連結</title>
<script type="text/javascript">
function refTest(){
referrerURL= document.referrer
if(referrerURL.indexOf("128.0.0.1") == -1){
alert("非法連結！送你回連結來源")
window.location.href = referrerURL
}
}
</script>
</head>
<body onload="refTest()">
<center>
本網頁版權屬於www.twbts.com所有
<br /><img src="img/d4.jpg" />
</body>
</html>
```

Edge 4x | IE 12.x | Chrome 5x | Opera 4x | FireFox 5x

Part 03

document 物件	
語法	**bgColor, fgColor**
使用目的	**設定網頁文件的背景與文字顏色**
說明	■ bgColor 屬性為網頁文件的背景顏色設定,對應於 HTML 標籤「<body>」的「bgcolor」屬性。 ■ fgColor 屬性為網頁文件的文字顏色設定,對應於 HTML 標籤「<body>」的「text」屬性。 ■ bgColor、fgColor 屬性值可為已定義的顏色單字,或是 16 進制的 RGB 色彩值。
語法結構	document .bgColor document.fgColor
示範	myColor=document . fgColor 取得目前網頁文件的文字顏色設定值存入變數「myColor」。 document. fgColor="red" 將網頁文件的文字顏色設定為紅色。 document.bgColor="#0000FF" 將網頁文件的背景顏色設定為 16 進制的 RGB 色彩值「#0000FF」藍色。

學習範例　漸變網頁背景顏色

利用含有 16 進制的 RGB 色彩值元素的陣列「newColor」配合 setTimeout 方法漸變背景顏色。

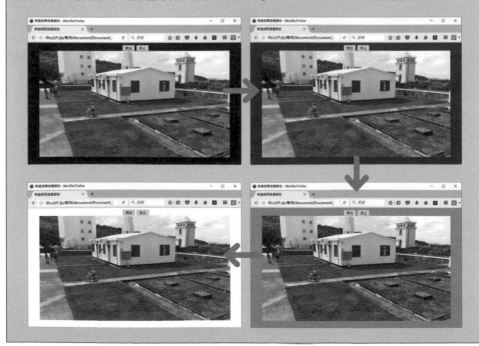

範例原始碼	Document_bgcolor.htm

```html
<!doctype html>
<html>
<head>
<meta charset="utf-8">
<title>漸變網頁背景顏色</title>
<script type="text/javascript">
x=0
flag=0
newColor=new Array("#000000","#333333","#666666","#999999","#CCCCCC","#FFFFFF")

function chgColor(){
if (flag==0){
document.bgColor=newColor[x]
x++
if (x==newColor.length) flag=1
}else{
x--
document.bgColor=newColor[x]
if (x==0) flag=0
}
myTimer=setTimeout("chgColor()",2000)
}

function stopChg(){
clearTimeout(myTimer)
}
</script>
</head>
<body onLoad="chgColor()">
<center>
<form>
<input type="button" value="開始" onClick="chgColor()" />
<input type="button" value="停止" onClick="stopChg()" />
</form>
<img src="img/d5.jpg" />
</body>
</html>
```

學習範例 | **不斷變換色彩的文字**

利用含有 16 進制的 RGB 色彩值元素的陣列「 newColor 」 配合 setTimeout 方法漸變背景顏色。

範例原始碼　Document_fgcolor.htm

```
<!doctype html>
<html>
<head>
<meta charset="utf-8">
<title>不斷變換色彩的文字</title>
<script type="text/javascript">
x=0
flag=0
message = new Array (
"我是動態變更顏色的文字",
"我最愛 JavaScript 精緻範例辭典")

textColor= new Array("lime","#FF9900","aqua","red",
"#FF8040","#FFD1BB","#CCCCFF","#CCCC33","#ff8040",
"yellow","lime","#FF9900")

function chgColor(){
if (flag==0){
myText.innerHTML=message[0]
document.fgColor=textColor[x]
x++
if (x==textColor.length) flag=1
}else{
myText.innerHTML=message[1]
x--
document.fgColor=textColor[x]
if (x==0) flag=0
}
myTimer=setTimeout("chgColor()",100)
}
</script>
</head>
<body onLoad="chgColor()">
<center>
<b><DIV id="myText"></DIV></b>
<br />
<img src="img/d6.jpg" />
</body>
</html>
```

Edge 4x IE 12.x Chrome 5x Opera 4x FireFox 5x

Part 03

document 物件	
語法	**linkColor, alinkColor, vlinkColor**
使用目的	**設定超鏈結文字的顏色**
說明	■ linkColor 屬性值為尚未瀏覽過的鏈結字串顏色, 對應於 HTML 標籤「 <body>」 的「link」 屬性;alinkColor 屬性值為正要開始瀏覽的鏈結字串顏色 , 對應於 HTML 標籤「 <body>」 的「 alink」 屬性 vlinkColor 屬性值為已經瀏覽過的鏈結字串顏色, 對應於 HTML 標籤「 <body>」 的「 vlink」 屬性。 ■ linkColor, alinkColor, vlinkColor 屬性值可為已定義的顏色單字 , 或是 16 進制的 RGB 色彩值。
語法結構	document. linkColor document.alinkColor document.vlinkColor
示範	myColor=document.linkColor 取得尚未瀏覽過的鏈結字串顏色設定值存入變數「 myColor」 。 document .alinkColor="red" 將正要開始瀏覽的鏈結字串顏色設定為紅色。 document.vlinkColor="#0000FF" 將已經瀏覽過的鏈結字串顏色設定為 16 進制的 RGB 色彩值「 #0000FF」 藍色。 document .wri te(document.alinkColor) 輸出正要開始瀏覽的鏈結字串顏色設定值。

學習範例　　鏈結文字的色彩設定

網頁載入時先以交談窗告知鏈結文字的原始顏色設定, 尚未瀏覽過的鏈結字串顏色linkColor 以 setTimeout 方法重複呼叫函數「 chgColor」 讓字串顏色不斷變換, 正要開始瀏覽的鏈結字串顏色 alinkColor、已經瀏覽過的鏈結字串顏色 vlinkColor 則依使用者設定進行變更。

請指定鏈結文字的顏色:

麻辣學園

JavaScript教學

麻辣家族討論區

alinkColor:
vlinkColor:

變更顏色

http://gb.twbts.com/

請指定鏈結文字的顏色:

麻辣學園

JavaScript教學

麻辣家族討論區

alinkColor: #FF0000
vlinkColor: orange

變更顏色

http://gb.twbts.com/

範例原始碼   **Document_linkcolor.htm**

```
<!doctype html>
<html>
<head>
<meta charset="utf-8">
<title>鏈結文字的色彩設定</title>
<script type="text/javascript">
linkcol=document.linkColor
alinkcol=document.alinkColor
vlinkcol=document.vlinkColor
```

```
alert("原始鏈結文字色彩設定:\nlinkColor:" + linkcol + "\nalinkColor:" + alinkcol + "\nvlinkColor:" + vlinkcol)
x=0
flag=0
myColor= new Array("lime","#FF9900","aqua","red","#FF8040","#FFD1BB","#CCCCFF","#CCCC33","#ff8040",
"yellow","lime","#FF9900")

function chgColor(){
if (flag==0){
document.linkColor=myColor[x]
x++
if (x==myColor.length) flag=1
}else{
x--
document.linkColor=myColor[x]
if (x==0) flag=0
}
myTimer=setTimeout("chgColor()",100)
}

function linkChg(){
if(document.forms[0][0].value != "")
document.alinkColor=document.forms[0][0].value
if(document.forms[0][1].value != "")
document.vlinkColor=document.forms[0][1].value
}
</script>
</head><body onLoad="chgColor()">
<table width="412"><tr><td width="150">
<a href="http://twbts.com">麻辣學園</a>
<br><br>
<a href="http://twbts.com/js">JavaScript教學</a>
<br><br>
<a href="http://forum.twbts.com">麻辣家族討論區</a>
</td><td align="right">
<form>請指定鏈結文字的顏色:<br /><br />
alinkColor:<input type="text" /><br />
vlinkColor:<input type="text" /><br /><br />
<input type="button" value="變更顏色" onClick="linkChg()" />
</form>
</td></tr></table>
</body></html>
```

document 物件

語法	**lastModified**
使用目的	**網頁文件最後的更新日期**
說明	■ 網頁文件也是一個檔案，因此網頁也有所謂的「 修改日期」，lastModified 屬性值即來自網頁文件的「 修改日期」。 ■ lastModified 屬性值為標準的日期時間資料，所以 lastModified 屬性值可作為建立 Date 物件時的參數。
語法結構	document.lastModified
示範	myUp=document . lastModif ied 取得網頁文件最後更新時間存入變數「 myUp」。 document .wri te(document. lastModif ied) 輸出網頁文件最後更新時間， myDate=new Date(document. lastModif ied) 利用網頁文件最後更新時間建立一個 Date 物件「 myDate」。

學習範例　網頁更新日期

利用 lastModified 屬性值建立 Date 物件「myDate」，利用 Date 物件的相關方法取出日期年、月、日、星期等資料加以組合成國曆日期輸出。

範例原始碼	Document_lastmodified.htm

```
<!doctype html>
<html>
<head>
<meta charset="utf-8">
<title>網頁更新日期</title>
<script type="text/javascript">
myDate= new Date(document.lastModified)
realDays= new Array("星期日".fontcolor("#FF0000"),"星期一","星期二")
realDays= realDays.concat("星期三","星期四","星期五")
realDays= realDays.concat("星期六".fontcolor("#FF0000"))
dateY=myDate.getFullYear() -1911
dateM=myDate.getMonth() + 1
dateD=myDate.getDate()
dated=realDays[myDate.getDay()]
document.write("最後更新日期: 民國" + dateY + "年" + dateM + "月" + dateD + "日")
document.write(" " + dated)
</script>
</head>
<body>
<br /><img src="img/d7.jpg" />
</body>
</html>
```

學習範例	依網頁更新日期判斷資訊的有效性

以 lastModified 屬性值為基準建立網頁最後更新時間的 Date 物件「 myDate 」,為確保網頁資訊的有效性, 如果網頁更新時間超過 3 天則在網頁中顯示「 僅供參考 」 圖片, 如果網頁更新時間未超過 3 天則在網頁中顯示 「最新消息」 圖片。

範例原始碼　　Document_lastmodified_a.htm

```
<!doctype html>
<html>
<head>
<meta charset="utf-8">
<title>依網頁更新日期判斷資訊的有效性</title>
<script type="text/javascript">
myDate= new Date(document.lastModified)
nowDate= new Date()
effect=nowDate - myDate
effectTime=1000 * 60 * 60 * 24 * 3

if (effectTime>effect){
document.write("<img src='img/new.gif' /><br />")
document.write("本文件資訊在有效期天3天內!!")
}else{
document.write("<img src='img/old.gif' /><br />")
document.write("本文件資訊已超過3天未更新!!")
}
</script>
</head>
<body>
<br /><img src="img/d8.jpg" />
</body>
</html>
```

Edge 4x | IE 12.x | Chrome 5x | Opera 4x | FireFox 5x

document 物件

語法	**cookie**
使用目的	**存取使用者端的 Cookie**
說明	■ Cookie 是網站（網頁）在使用者端（client）中所儲存的一小段資訊。一個 Cookie 檔案能儲存近 300 個 Cookies,而每個 Cookies 約可儲存 4000 個位元組的資料。 ■ 在使用 Cookie 時,一定要有「 name」 名稱參數,至於寫入的資料則是非必須,但若只指定名稱而沒有在指定寫入的資料,則 Cookie 將只存在於瀏覽器之中,沒有被寫入使用者的磁碟,當瀏覽器必關閉時,這個 Cookie 就煙消雲散了。 ■ 指定 Cookies 資料時,資料內不能含有特殊字元或符號,例如逗號或分號,甚至是「space」 空白,如果資料中含有特殊字元或符號,必須使用 「escape」 函數來處理這些特殊字元或符號。Escape 函數會將特殊字元或符號以對應的 escape 字串替代,若我們要還原這些特殊字元或符號則可以使用「unscape」 函數。 ■ 所有的 Cookie 檔案都有一個預設的網域與路徑,只有建立此 Cookie 的網域與路徑才能存取這個 Cookie 檔案。 ■ 將 Cookies 刪除的方法很簡單,只要將 Cookie 的到期日設定為 「過去的日期」 即可。以「 expires」 到期日參數來設定 Cookie 的到期日期時,到期日期的格式必須使用 UTC （國際標準時間）的格式來表示。
語法結構	document.cookie
示範	myCookie=document. cookie 取得使用者端的 Cookie 資訊存入變數「 myUp」 。 document .write(document. cookie) 輸出使用者端的 Cookie 資訊。 document . cookie="name=test; expires=Fri, 26 Sep 2026 00:00:01 UTC" 將名稱 「name」 資料值 「test」 到期日 2026 年 9 月 26 日的 Cookie 寫入使用者端。

學習範例　　讀寫 Cookie 資料 , 測試使用者端是否啟用 Cookie 功能

在網頁載入時寫入一段 Cookie 資訊 「name」 到使用者端, 接著嘗試自使用者端讀取Cookie 資訊「name」 來得知使用者端是否啟用 Cookie 功能。此範例的功能等同使用「navigator.cookieEnabled」。

範例原始碼　Document cookie_test.htm

```html
<!doctype html>
<html>
<head>
<meta charset="utf-8">
<title> 讀寫Cookie資料測試使用者端是否啟用Cookie功能</title>
<script type="text/javascript">
beginDate= new Date()
endDate= new Date()
endDate.setDate(beginDate.getDate() + 365)
document.cookie= "name=" + escape("神秘人") + ";expires=" + endDate.toUTCString()
myCookie= document.cookie

if(myCookie.indexOf("name=") == -1){
alert("Cookie功能沒有啟用")
}else{
alert("已啟用Cookie功能")
}
</script>
</head><body>
讀寫Cookie資料測試使用者端是否啟用Cookie功能
<br /><img src="img/d10.jpg" />
</body></html>
```

學習範例　讀寫 Cookie 資料，測試使用者端是否啟用 Cookie 功能

在網頁載入時讀取 Cookie 資訊「username」，若 Cookie 資訊存在（使用者暱稱）則在網頁中輸出 Cookie 資訊，並重新設定 Cookie 資訊的到期日；若 Cookie 資訊不存在，則出現文字輸入窗請使用者輸入暱稱，然後將使用者輸入的資料寫入 Cookie 並將 Cookie 資訊的到期日設定為 1 年後（365 天）。

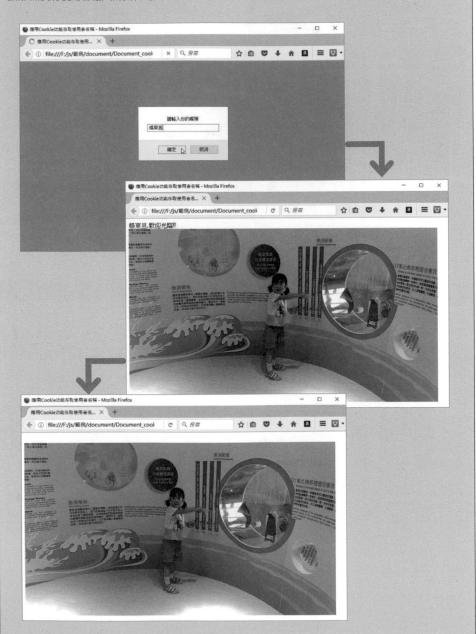

範例原始碼　　**Document_cookie.htm**

```html
<!doctype html>
<html>
<head>
<meta charset="utf-8">
<title>應用Cookie功能存取使用者名稱</title>
<script type="text/javascript">
function getValue(cookiesName){
cookiesName= cookiesName + "="
 if (document.cookie.length > 0){
  position= document.cookie.indexOf(cookiesName)
  if (position != -1){
   position= position + cookiesName.length
   endPosition= document.cookie.indexOf(";" , position)
  if (endPosition == -1){
   endPosition = document.cookie.length
  }
  return unescape(document.cookie.substring(position,endPosition))
 }
}
return null
}

endDate= new Date()
endDate.setDate(endDate.getDate() + 365)

if(getValue("username")){
document.write(getValue("username") + ",歡迎光臨!!")
document.cookie= "username=" + escape(getValue("username")) + ";expires=" + endDate.toUTCString()
}else{
inName= prompt("請輸入你的暱稱","")
document.cookie= "username=" + escape(inName) + ";expires=" + endDate.toUTCString()
}
</script>
</head>
<body>
<br /><img src="img/d11.jpg" />
</body><
/html>
```

Edge 4x | IE 12.x | Chrome 5x | Opera 4x | FireFox 5x

document 物件	
語法	**write( ), writeln( )**
使用目的	輸出資料到網頁文件中
說明	■ write 方法可以將字串（HTML 標籤）、數值、變數（值）、函數（回傳值）等資料輸出到網頁中，要同時輸出不同類型的資料可用「,」逗號或「+」加號串接。write 方法可以連續重複使用，但若沒有加上任何的 HTML 的換行標籤，輸出的資料將會是連在一起的不分行文字。 ■ writeln 方法與 write 方法功能相同，但 writeln 方法會在輸出資料的後方加上換行符號。若要 writeln 方法的換行效果能呈現到網頁中，則 writeln 方法的敘述還必須以「\<pre\>」和「\</pre\>」HTML 標記包括起來。
語法結構	document.write(字串（HTML 標籤）、數值、變數、函數) document.writeln(字串（HTML 標籤）、數值、變數、函數)
示範	myReferrer=document. write("\<img src='test'\>") 將 HTML 標籤「\<img src='test'\>」輸出到網頁文件中。 document. writeln("\<img src='test'\>" + myStr + 2) 將不同類型的資料用「+」加號串接輸出到網頁文件中。

學習範例　　輸出資料到網頁文件

利用writeln方法與write方法輸出資料到網頁文件, 請觀察兩種方法的執行效果：write方法輸出的資料會連在一起不分行；writeln方法輸出的資料則會進行換行。

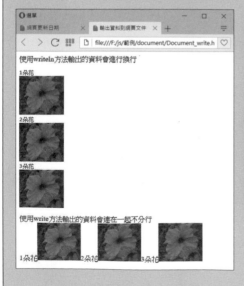
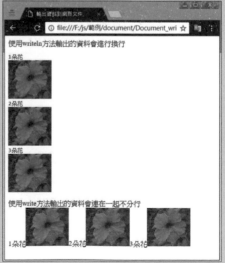

範例原始碼　　Document_write.htm

```
<!doctype html>
<html>
<head>
<meta charset="utf-8">
<title>輸出資料到網頁文件</title>
<script type="text/javascript">
document.write("使用writeln方法輸出的資料會進行換行<pre />")

for (x=1; x<=3; x++){
 document.writeln(x + "朵花")
 document.writeln("<img src='img/f802.jpg' />")
}

document.write("</pre>")
</script>
</head>
<body>
使用write方法輸出的資料會連在一起不分行<br />
<script type="text/javascript">
for (x=1; x<=3; x++){
 document.write(x + "朵花")
 document.write("<img src='img/f802.jpg' />")
}
</script>
</body>
</html>
```

Edge 4x　IE 12.x　Chrome 5x　Opera 4x　FireFox 5x

Part 03

document 物件

語法 　open(), close()

使用目的	開啟 / 關閉資料流
說明	■ open 方法可以開啟一個資料流，開始暫存 write 或 writeln 方法輸出的資料。 ■ 使用 open 方法時有一個非必要參數「 mimeType 」，「 mimeType 」 指的是資料的 MIME 型態，預設參數值為「 text/html 」 。 ■ close 為關閉資料流，呼叫此方法時會把呼叫 open 方法後暫存的 write 或 writeln 方法輸出資料全部輸出到網頁文件，並關閉由 open 方法開啟的資料流。
語法結構	document .open(mimeType) document.close()
示範	document. open() 開啟一個資料流收集輸出的資料。 document . close( ) 輸出暫存的資料並關閉資料流。

學習範例　　圖片瀏覽器

按下「瀏覽」按鈕出現「選擇檔案」視窗讓使用者選取要瀏覽的圖片檔案,檔案選定後按下「顯示圖片」按鈕呼叫「showImg」函數,應用 open、close 方法輸出 HTML 標籤讓使用者觀看指定的圖片。

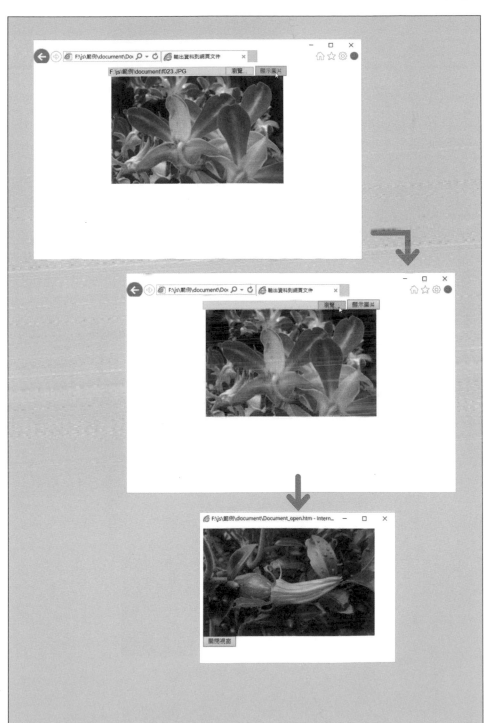

範例原始碼　Document_open.htm

```
<!doctype html>
<html>
<head>
<meta charset="utf-8">
<title>輸出資料到網頁文件</title>
<script type="text/javascript">
var myWin = window.open("","subWin","resizable=1")

function showImg() {
pic= document.forms[0][0].value
myWin.document.open()
myWin.document.writeln("<img src=" + pic + " />")
myWin.document.write("<br /><input type='button' VALUE='關閉視窗'")
myWin.document.write(" onClick='window.close()'>")
myWin.document.close()
}
</script>
</head>
<body><center>
<form>
<input type="file" size="40" name="url" />
<input type="button" value="顯示圖片" onClick="showImg()" />
</form>
<img src="img/f026.jpg" />
</body>
</html>
```

Edge 4x

IE 12.x

Chrome 5x

Opera 4x

FireFox 5x
getElementsByName(), getElementById(), getElementsByTagName()

document 物件	
語法	**getElementsByName(), getElementById(), getElementsByTagName()**
使用目的	**取得特定名稱或特定識別名稱的物件集合**
說明	■ getElementsByName() 方法可取得特定名稱的網頁標籤元素物件的集合。getElementsByName() 方法查詢對象是標籤元素中的 name 屬性。 ■ 因為網頁文件中的標籤元素 name 屬性可能不是唯一值（如 HTML 表單中的單選按鈕通常具有相同的 name 屬性），因此 getElementsByName() 方法取得的是標籤元素可能是一個陣列集合物件而非單一個標籤元素。 ■ getElementById() 方法可取得特定識別名稱的網頁標籤元素物件的集合。getElementById() 方法查詢對象是標籤元素中的 Id 屬性。 ■ getElementById() 方法是在網頁文件中尋找特定標籤元素物件最好的方法，因為 id 屬性用於指定元素的識別名稱，網頁文件中元素的 id 屬性值不可重複，每個元素識別名稱都是獨一無誤二的。 ■ getElementsByTagName() 方法可取得特定網頁標籤元素物件的集合。getElementsByName() 方法查詢對象是標籤元素的名稱。 ■ 如果把特殊字元「*」作為 getElementsByTagName() 方法的呼叫參數，則將獲得網頁文件中所有標籤元素的列表，而標籤元素列表的排列順序即是標籤元素在網頁文件中既有的順序。 TIP：傳遞給 getElementsByTagName() 方法的參數字串不需區分大小寫。
語法結構	document.getElementsByName(name) document.getElementById(id) document.getElementsByTagName(網頁標籤元素的名稱)
示範	x=document.getElementsByName("myInput") 取得網頁文件中網頁標籤元素「name」屬性值為「myInput」的集合物件，並將該集合物件指定成為「x」物件。 document.write(document.getElementsByName("myInput").length) 在網頁文件中輸出標籤元素「name」資料值為「myInput」的集合物件成員個數。 x=document.getElementById("myHeader") 取得網頁文件中網頁標籤元素「id」屬性值為「myHeader」的獨立物件，並將該物件指定成為「x」物件。

學習範例　　取得網頁文件中的標籤元素物件數量

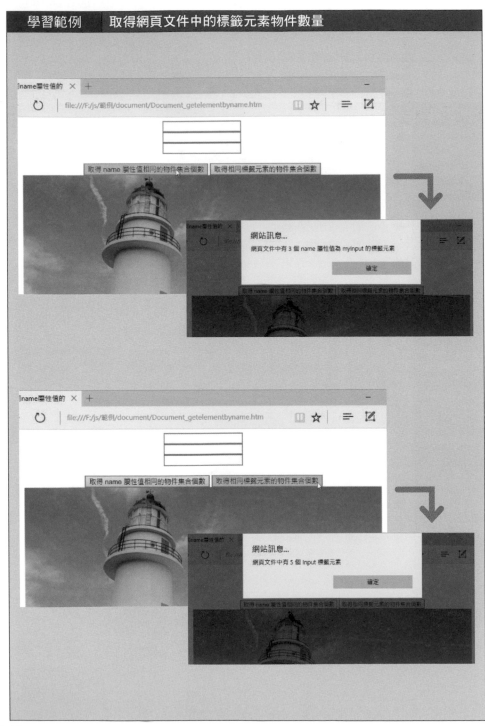

範例原始碼 **Document_getelementbyname.htm**

```html
<!doctype html>
<html>
<head>
<meta charset="utf-8">
<title>取得相同name屬性值的物件數量</title>
<script type="text/javascript">
function getElementsName()
 {
 var x=document.getElementsByName("myInput")
 alert("網頁文件中有 " + x.length + " 個 name 屬性值為 myInput 的標籤元素")
 }

function getElements()
 {
 var y=document.getElementsByTagName("Input")
 alert("網頁文件中有 " + y.length + " 個 Input 標籤元素")
 }
</script>
</head>
<body><center>
<form>
<input name="myInput" id="loveYou" type="text" size="20" /><br />
<input name="myInput" type="text" size="20" /><br />
<input name="myInput" type="text" size="20" /><br />
<br />
<input type="button" onclick="getElementsName()" value="取得 name 屬性值相同的物件集合個數" />
<input type="button" onclick="getElements()" value="取得相同標籤元素的物件集合個數" />
</form>
<img src="img/d12.jpg" />
</body>
</html>
```

Edge 4x　IE 12.x　Chrome 5x　Opera 4x　FireFox 5x

history 物件	
語法	**back( ) , forward( )**
使用目的	跳轉頁面到上一個 / 下一個瀏覽歷史
說明	■ 當我們利用瀏覽器上網穿梭於各式各樣的網頁時，我們曾經瀏覽的網頁網址將會被瀏覽器記錄下來，這些瀏覽的記錄稱之為「瀏覽歷史」。 ■ History 是 window 物件的子物件，如果我們要利用 JavaScript 來達到與瀏覽器「上一頁」工具按鈕相同的功能，則可使用 history 物件的 back 方法，而 history 物件的 forward 方法，其功能則與瀏覽器「下一頁」工具按鈕相同。
語法結構	winddow.history.back() winddow.history.forward()
示範	history.back() 回到上一個瀏覽歷史的網頁。 top.frames[2].history.forward() 設定最上層視窗中索引值 2 的頁框視窗回到下一個瀏覽過的網頁。

學習範例　使用 JavaScript 虛擬協定建立「上一頁」與「下一頁」的超鏈結

範例原始碼　History_back.htm

```html
<!doctype html>
<html>
<head>
<meta charset="utf-8">
<title>上一頁/下一頁</title>
</head>
<body><center>
<!-- 回上一個瀏覽歷史 -->
<a href="javascript:window.history.back()">回上一頁</a>
<!-- 前往下一個瀏覽歷史 -->
<a href="javascript:window.history.forward()">到下一頁</a><br />
<img src="img/IMG_20160903_143513_1.jpg" />
</body>
</html>
```

Edge 4x	IE 12.x	Chrome 5x	Opera 4x	FireFox 5x		go( )

history 物件

語法	go( )
使用目的	跳轉頁面到指定的瀏覽歷史 / 指定的瀏覽歷史網址
說明	■ go 方法的參數可以是一個帶有正負號的數字，「+」號代表前往（下一頁），「-」號代表返回（上一頁），而數字則代表歷史記錄的位置。 **TIP**：go 方法的參數也可以是一個瀏覽歷史中的網址。
語法結構	winddow.history.go(數值 或 瀏覽歷史網址)
示範	<a href="javascript: winddow.history.go(-1)"> 回上一頁 </a> 按下超鍵結回到上一個瀏覽歷史的網頁。 top.frames[2].history.go(-2) 設定最上層視窗中索引值 2 的頁框視窗回到前 2 個瀏覽過的網頁。

學習範例　依瀏覽歷史隨機跳轉網頁

亂數選取瀏覽歷史並跳轉網頁, 按下「TWBTS」按鈕則前往瀏覽歷史中已有的網址紀錄「http ://www. twbts.com」。

Part 03　HTML 物件

範例原始碼　　History_go_rand.htm

```
<!doctype html>
<html>
<head>
<meta charset="utf-8">
<title>隨機跳轉</title>
<script type="text/javascript">
function myRand(){
rand= Math.floor(Math.random() * history.length)
return rand
}

function randBack(){
history.go(- myRand())
}

function randForward(){
history.go(myRand())
}

function goURL(){
history.go("http://www.twbts.com")
}
</script>
</head>
<body><center>
<input type="button" value="TWBTS" onClick="goURL()" />
<input type="button" value="隨機往前跳轉" onClick="randBack()" />
<input type="button" value="隨機往後跳轉" onClick="randForward()" /><br />
<img src="img/IMG_20160903_153430.jpg" />
</body>
</html>
```

Edge 4x	IE 12.x	Chrome 5x	Opera 4x	FireFox 5x

history 物件

語法	**length**
使用目的	**取得瀏覽歷史的總數**
說明	length 屬性值是單向的，其值為瀏覽歷史的總數，不可加以指定。
語法結構	window.history.length
示範	alert(window.history.length> 將瀏覽歷史總數輸出到交談窗。 myNum=top.frames[2].history.length 將最上層視窗中索引值 2 的頁框視窗瀏覽歷史總數存入變數「 myNum 」。

學習範例　　輸出瀏覽歷史總數

範例原始碼　　History_length.htm

```
<!doctype html>
<html>
<head>
<meta charset="utf-8">
<title>瀏覽歷史總數</title>
<script type="text/javascript">
function myRand(){
rand= Math.floor(Math.random() * history.length)
return rand
}

function randBack(){
history.go(- myRand())
}
</script>
</head>
<body><center>
<a href="javascript:window.history.back()">回上一頁</a>
<a href="javascript:window.history.forward()">到下一頁</a><br />
<img src="img/IMG_20160903_150622.jpg" /><br />
<input type="button" value="瀏覽歷史總數" onClick="alert(history.length)" />
<input type="button" value="隨機往前跳轉" onClick="randBack()" />
</body>
</html>
```

Edge 4x | IE 12.x | Chrome 5x | Opera 4x | FireFox 5x

frame 物件

語法	**name**

使用目的	取得 / 設定頁框視窗的名稱參照
說明	■ 框架的 name 屬性值即是 HTML 標籤「 <frame> 」內的「 name 」屬性。 ■ name 屬性大多用於框架陣列物件 frames[] 以取得或設定頁框視窗的名稱參照。
語法結構	top.frames[頁框視窗索引].name parent.frames[頁框視窗索引].name self.frames[頁框視窗索引].name
示範	myName= parent.frames[1].name 取得父視窗中索引值 1 的頁框視窗名稱參照存入變數「 myName 」。 myName= self.name 取得頁框視窗自身的名稱參照存入變數「 myName 」。 top.f rames[2].name="javaWindow" 設定最上層視窗中索引值 2 的頁框視窗名稱參照為「 javaWindow 」。

學習範例 | 取得與設定頁框視窗的名稱參照

在不同頁框視窗中讀取與設定其他頁框視窗的名稱參照。

範例原始碼	Frame_set_a.htm, Frame_right_a.htm, Frame_left_a.htm

Frame_set_a.htm

```
<!doctype html>
<html>
<head>
<meta charset="utf-8">
<title>框架視窗控制</title>
</head>
<frameset cols="50%,50%">
 <frame name="leftWindow" src="Frame_left_a.htm" />
 <frame name="rightWindow" src="Frame_right_a.htm" />
</frameset>
</html>
```

Frame_right_a.htm

```
<!doctype html>
<html>
<head>
<meta charset="utf-8">
<title>rightWindow</title>
</head>
<body>
我是框架視窗內rightWindow的網頁文件Frame_right_a.htm
<br /><img name="pic" src="img/c017.jpg"><br />
<script type="text/javascript">
frameName="我左邊框架視窗的名稱參照為: " + top.frames[0].name
document.write(frameName.fontcolor("#FF0000"))
</script>
</body>
</html>
```

Frame_left_a.htm

```
<!doctype html>
<html>
<head>
<meta charset="utf-8">
<title>leftWindow</title>
</head>
<body>
我是框架視窗內leftWindow的網頁文件Frame_left_a.htm
<br /><img name="pic" src="img/c016.jpg"><br />
<script type="text/javascript">
frameName= "我右邊框架視窗的名稱參照為: " + top.frames[1].name
document.write(frameName.fontcolor("#FF0000") + "<br />")
top.frames[1].name= "myRight"
frameName= "我右邊框架視窗的名稱參照已變更為: " + top.frames[1].name
document.write(frameName.fontcolor("#0000FF") + "<br />")
</script>
</body>
</html>
```

Edge 4x | IE 12.x | Chrome 5x | Opera 4x | FireFox 5x

frame 物件

語法	**focus( ) , blur( )**

使用目的	**取得 / 模糊頁框視窗的操作焦點**
說明	■ 框架中的每個頁框視窗都是獨立的 window 物件，如果要讓特定的頁框視窗取得操作焦點就可利用 focus 方法。 ■ 當框架載入時，預設由索引值為 0 的頁框視窗取得操作焦點，若要讓特定的頁框視窗模糊操作焦點（失去操作焦點）就可利用 blur 方法。
語法結構	top 或 parent 或 self.frames[頁框視窗索引] 或 頁框視窗名稱參照 .focus() top 或 parent 或 self.frames[頁框視窗索引] 或 頁框視窗名稱參照 .blur()
示範	parent.frames[1].focus() 讓父視窗中索引值 1 的頁框視窗取得操作焦點。 self.blur() 讓頁框視窗自身的焦點模糊（失去操作焦點）。 top. myFram.blur() 讓最上層視窗中名稱參照為「 myFram 」的頁框視窗焦點模糊（失去操作焦點）。

學習範例	**頁框視窗的焦點轉換**

在 Frame_right_b.htm載入時呼叫Frame_left_b.htm中的focus函數讓Frame_left_b.htm失去焦點而Frame_right_b.htm 得到焦點, Frame_right_b.htm 得到焦點後, 再將表單中的文字輸入欄位設定為操作焦點（出現可輸入的跳動游標）。

範例原始碼	**Frame_set_b.htm, Frame_left_b.htm, Frame_right_b.htm**

Frame_set_b.htm
```
<!doctype html>
<html>
<head>
<meta charset="utf-8">
<title>框架視窗控制</title>
</head>
<frameset cols="20%,80%">
<frame name="leftWindow" src="Frame_left_b.htm" />
<frame name="rightWindow" src="Frame_right_b.htm" />
```

```
</frameset>
</html>


Frame_left_b.htm
<!doctype html>
<html>
<head>
<meta charset="utf-8">
<title>leftWindow</title>
<script type="text/javascript">
function focusSet(){
self.blur()
top.frames[1].focus()
}
</script>
</head>
<body>
我是框架視窗內leftWindow的網頁文件frame_
left_b.htm
</body>
</html>
```

```
Frame_right_b.htm
<!doctype html>
<html>
<head>
<meta charset="utf-8">
<title>rughtWindow</title>
<script type="text/javascript">
function getFocus(){
top.leftWindow.focusSet()
document.forms[0][0].focus()
}
</script>
</head>
<body onload="getFocus()">
<form>
我是框架視窗內rightWindow的網頁文件frame_
right_b

<br />
請輸入圖片名稱:<input type="text">
</form>
<br />
<img name="pic" src="img/c018.jpg" />
<br />
</body>
</html>
```

Edge 4x IE 12.x Chrome 5x Opera 4x FireFox 5x

Part 03

frame 物件	
語法	**setTimeout( ) , clearTimeout( )**
使用目的	**延時執行函數 / 清除函數的延時執行**
說明	■ frame 物件的 setTimeout、clearTimeout 方法與 window 物件大致相同,只是作用的對象可以跨越頁框視窗。 ■ 呼叫 clearTimeout 方法可終止 setTimeout 方法執行的函數。 ■ 在使用 setTimeout 方法之前先呼叫 clearTimeout() 方法時將會產生錯誤。
語法結構	定時器物件變數 =top 或 parent 或 self.frames[頁框視窗索引].setTimeout(欲執行的函數,時間設定) 定時器物件變數 = 頁框視窗名稱參照 .setTimeout(欲執行的函數,時間設定) 「時間設定」 參數是以毫秒為單位 clearTimeout(定時器物件變數)
示範	timer= top.frames[0].setTimeout("test()", 3000) 設定定時器物件「 timer」 在 3 秒鐘後執行最上層視窗中索引值 0 的頁框視窗中的「test」 函數。 timer= self.setTimeout("myFun()", 3000) 設定定時器物件「 timer」 在 3 秒鐘後執行頁框視窗自身中的「 myFun」 函數。 timer= parent.myFram.setTimeout("tes () ", 1000) 設定定時器物件「 timer」 在 1 秒鐘後執行父視窗中名稱參照「 myFram」 的頁框視窗中的 「test」 函數。 clearTimeout (timer) 終止定時器物件「 timer」 對函數的呼叫與執行。

學習範例　　跨頁框視窗進行圖片輪播控制

frame_buttom_a.htm 網頁(buttomWindow 頁框視窗) 中設定圖片的切換函數「 showPic」,網頁中的圖片輪播出現。按下 frame_top_a.htm 網頁 (topWindow 頁框視窗) 的 「開始圖片輪播」 按鈕則開始每隔1秒鐘輪撥1張圖片,按下 「停止圖片輪播」 按鈕則清除定時器物件終止 「showPic」 函數的呼叫與執行。

範例原始碼　**Frame_set_c.htm, Frame_buttom_a.htm, Frame_top_a.htm**

```
Frame_top_a.htm
<!doctype html>
<html>
<head>
<meta charset="utf-8">
<title>topWindow</title>
<script type="text/javascript">
function actPic(){
top.buttomWindow.showPic()
myTimer=self.setTimeout("actPic()",1000)
}
function stopPic(){
 self.clearTimeout(myTimer)
}
</script>
</head>
<body>
<input type="button" value="開始圖片輪撥" onClick="actPic()" />
<input type="button" value="停止圖片輪撥" onClick="stopPic()" />
</body></html>


Frame_set_c.htm
<!doctype html>
<html>
<head>
<meta charset="utf-8">
<title>框架視窗控制</title>
</head>
<frameset rows="10%,80%">
 <frame name="topWindow" src ="Frame_top_a.htm"> />
 <frame name="buttomWindow" src ="Frame_buttom_a.htm" />
</frameset>
</html>


Frame_buttom_a.htm
<!doctype html>
<html>
<head>
<meta charset="utf-8">
<title>buttomWindow</title>
<script type="text/javascript">
myPic = new Array("img/d001.jpg","img/d002.jpg","img/d003.jpg","img/d004.jpg","img/d005.jpg")
x=0
function showPic(){
 document.forms[0][0].value = myPic[x]
 document.pic.src=myPic[x]
 x++
 if (x>=5) x=0
}
</script>
</head><body>
<form>
圖片來源:<input type="text" size="45" /><br />
</form>
<img name="pic" src="img/d001.jpg" />
</body>
</html>
```

Edge 4x | IE 12.x | Chrome 5x | Opera 4x | FireFox 5x

Part 03

frame 物件

語法	**setInterval( ) , clearInterval( )**
使用目的	定時執行函數 / 清除函數的定時執行
說明	■ frame 物件的 setInterval、clearInterval 方法與 window 物件大致相同,只是作用的對象可以跨越頁框視窗。 ■ 呼叫 clearInterval 方法可終止 setInterval 方法執行的函數。
語法結構	定時器物件變數 =top 或 parent 或 self.frames [頁框視窗索引].setInterval(欲執行的函數 , 時間設定) 定時器物件變數 = 頁框視窗名稱參照 .setInterval(欲執行的函數 , 時間設定) 「 時間設定 」 參數是以毫秒為單位 clearInterval(定時器物件變數)
示範	timer= top.myFram.setInterval("test()", 1000) 設定定時器物件 「timer」 在每 1 秒鐘過後就呼叫執行 1 次最上層視窗中名稱參照 「myFram」 的頁框視窗中的 「test」 函數。 timer= self.setInterval("mFun ()", 3000) 設定定時器物件 「timer」 在每 3 秒鐘後執行頁框視窗自身中的 「myFun」 函數。 timer= top.frames[0].setInterval ("test ()", 3000) 設定定時器物件 「timer」 在每 3 秒鐘後執行最上層視窗中索引值 0 的頁框視窗中的 「test」 函數。 top.myFram.clearI nterval(t imer) 終止最上層視窗中名稱參照 「myFram」 的頁框視窗中的定時器物件 「timer」 對函數的呼叫與執行。

學習範例	四處游移的圖片

frame_buttom_b.htm 網頁 （buttomWindow 頁框視窗） 中設定圖片的移動函數「Move」,按下frame_top_b.htm 網頁 （topWindow 頁框視窗） 的 「開始游移」 按鈕則使用 setInterval 方法建立時間物件, 每隔 1 秒鐘執行函數 「Move」 1次。本範例特效僅IE瀏覽器有效。

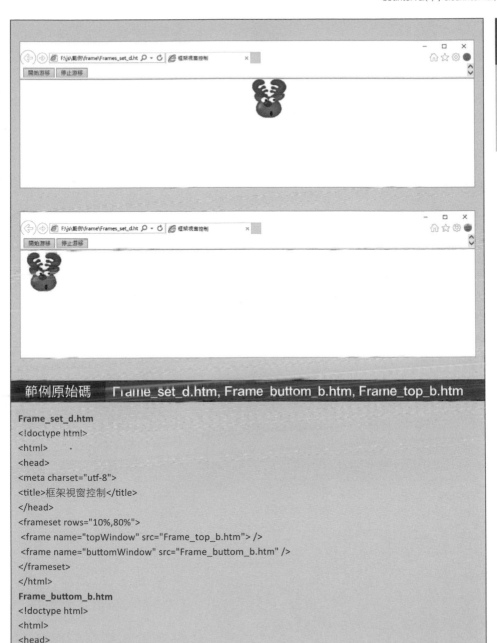

範例原始碼 Frame_set_d.htm, Frame_buttom_b.htm, Frame_top_b.htm

Frame_set_d.htm
```
<!doctype html>
<html>
<head>
<meta charset="utf-8">
<title>框架視窗控制</title>
</head>
<frameset rows="10%,80%">
 <frame name="topWindow" src="Frame_top_b.htm"> />
 <frame name="buttomWindow" src="Frame_buttom_b.htm" />
</frameset>
</html>
```
Frame_buttom_b.htm
```
<!doctype html>
<html>
<head>
```

```
<meta charset="utf-8">
<title>buttomtWindow</title>
<script type="text/javascript">
var x = 5
var y = 5
var img, img_top,img_left
function Move(){
img =  eval("image.style")
img.posTop = img.posTop + x
img.posLeft = img.posLeft + y
img_top = img.posTop
img_left = img.posLeft
if(img_top >= document.body.clientHeight) x = -x
if(img_left >= document.body.clientWidth) y= -y
if(img_top <= 0) x = 5
if(img_left <= 0) y = 5
}
</script>
</head><body>
<div id="image" style="position: absolute;">
<img src="img/move.gif" alt="游移的圖片" />
</div>
</body></html>


Frame_top_b.htm
<!doctype html>
<html>
<head>
<meta charset="utf-8">
<title>topWindow</title>
<script type="text/javascript">
function actMove(){
myTimer=top.buttomWindow.setInterval("Move()",10)
}
function stopMove(){
 top.buttomWindow.clearInterval(myTimer)
}
</script>
</head><body>
<input type="button" value="開始游移" onClick="actMove()" />
<input type="button" value="停止游移" onClick="stopMove()" />
</body></html>
```

| Edge 4x | IE 12.x | Chrome 5x | Opera 4x | FireFox 5x |

window 物件

| 語法 | **open( )** |

| 使用目的 | **開啟新視窗** |

JavaScript 不僅可以在相同的瀏覽器視窗中改變瀏覽網址而載入新網頁內容,而且也可以輕易的開啟新的瀏覽器視窗(就如同你利用瀏覽器的「 新增視窗」 功能一般),而在開啟新瀏覽器視窗的時候還可以同時設定新瀏覽器視窗的外觀樣式。

如果我們要利用 JavaScript 來新增一個瀏覽器視窗,則必須透過 window 物件的 open 方法。使用 Window 物件的 open 方法建立新瀏覽視窗,可以傳遞下列參數:

- URL:為新瀏覽器視窗開啟後要連結載入的網頁網址。
- 「target」;為新瀏覽視窗的開啟目標,常用於視窗框架網頁製作控制,一般非框架網頁並不使用,若無框架配置,則此屬性設定值即為新視窗的「 名稱」 。
- style:新瀏覽視窗的外觀樣式屬性設定集合。
- 當我們以 open 方法開啟一個新的瀏覽器時,我們還可以同時設定這新瀏覽視窗的外觀樣式,例如:新視窗是否具有 「工具列」 、 「是否出現捲動軸」 …等。茲將附屬於 open 方法內的視窗設定屬性列表如下:

說明	屬性	設定值	屬性設定值說明
	toolbar	yes/no	是否具有工具列
	menubar	yes/no	是否具有功能表選項列
	status	yes/no	是否具有狀態列
	scrollbars	yes/no	是否顯示捲動軸
	titlebar	yes/no	是否顯示標題列
	resizable	yes/no	是否允許使用者調整視窗大小
	width	數值	指定視窗的寬度 (單位為像素)
	height	數值	指定視窗的高度 (單位為像素)
	top、left	數值	設定新視窗的出現位置
	screenX、screenY	數值	設定新視窗的出現位置, IE 不適用

TIP:除了視窗寬度與高度的設定值必須給予像素單位的數值外,其餘的屬性設定值可以用 yes/no 或 1/0 的方式來設定。由於當前瀏覽器皆已改變其外觀,故如 menubar、status …等的視窗設定屬性已不再發生效用。

語法結構	視窗物件 = window. open(URL, target, style)
示範	myWindow = window. open("","newWin") 指定一個名稱為「newWin」的空白新視窗,並將該新視窗指定為「myWindow」視窗物件。 window.open("http://www.twbts.com", "", "width=350,height=200") 開啟一個寬 350 個像素,高 200 個像素的新瀏覽器視窗,並指定該視窗載入網址「http://www.twbts.com」的網頁。 window.open("", "mesWin", " width=350,height=200") 開啟一個名稱為「mesWin」的空白新視窗,並設定該寬 350 個像素,高 200 個像素。

學習範例　　開啟新視窗並指定新視窗內容

當在網頁中按下開啟新視窗的按鈕,則呼叫函數「openNew」開啟一個新視窗,並於視窗中輸出1段字串與1張圖片。

範例原始碼　　Window_open.htm

```
<!doctype html>
<html>
<head>
<meta charset="utf-8">
<title>開啟新視窗並設定新視窗內容</title>
<script type="text/javascript">
function openNew(){
myWin= window.open("", "subwin","toolbar=0, resizable=1")
myWin.document.write("我是新視窗<br>")
myWin.document.write("<img src='img/a1.jpg'>")
}
</script>
</head>
<body>
<input type="button" value="按我開啟新視窗" onclick="openNew()" />
<br /><img src="img/a0.jpg" />
</body></html>
```

學習範例　　依使用者設定開啟新視窗

在網頁中指定新視窗的大小與位置, 按下開啟新視窗的按鈕, 呼叫函數 「openNew」 開啟一個指定位置、大小的新視窗。

範例原始碼　　Window_open_a.htm

```
<!doctype html>
<html>
<head>
<meta charset="utf-8">
<title>依使用者設定開啟新視窗</title>
<script type="text/javascript">
function openNew(){
x= "left=" + document.forms[0][0].value

x+= ",screenX=" + document.forms[0][0].value
y= "top=" + document.forms[0][1].value
y+= ",screenY=" + document.forms[0][1].value
size= "height=" + document.forms[0][2].value
size+= ",width=" + document.forms[0][3].value
userSet= x + "," + y + "," + size
window.open("window_test.htm", "subWin",userSet)
}
</script>
</head><body>
<form>
請指定新視窗位置:
X =<input type="text" /> ; Y =<input type="text" /> <br />
請指定新視窗大小:
高=<input type="text" /> ; 寬=<input type="text" /> <br />
<input type="button" value="按我開啟新視窗" onclick="openNew()" />
</form>
<img src="img/z2.jpg" />
</body></html>
```

3-61

Edge 4x | IE 12.x | Chrome 5x | Opera 4x | FireFox 5x

window 物件	
語法	**close( )**
使用目的	關閉視窗
說明	■ 如果我們要利用 JavaScript 來關閉一個瀏覽器視窗，必須透過 window 物件的 close 方法。 ■ 如果視窗並不是由 JavaScript 所建立開啟出來的，在使用 close 方法把瀏覽視窗關閉時將會出現 「詢問」 交談窗。
語法結構	window. close() 視窗物件 . close()
示範	close() 關閉目前的視窗，上例等同「 window.close()」 。 myWin.close() 關閉名為「 myWin」 的視窗。

學習範例　　關閉目前操作的視窗

當在網頁中按下關閉視窗的按鈕，則呼叫 close() 函數關閉視窗，由於該視窗並不是由JavaScript 所建立的，所以部分瀏覽器會跳出「詢問」 交談窗，詢問是否要關閉。

範例原始碼　Window_close.htm

```
<!doctype html>
<html>
<head>
<meta charset="utf-8">
<title>關閉目前操作的視窗</title>
</head>
<body>
我不是Javascript建立的視窗
<form>
<input type="button" value="按我關閉視窗" onclick="window.close()" />
</form>
<img src="img/z4.jpg" />
</body>
</html>
```

學習範例　主視窗關閉子視窗、子視窗自我關閉

不管是按下主視窗中的「按我關閉新視窗」或是新視窗中的「按我關閉視窗」按鈕,皆可將新開啟的視窗關閉且不會出現「詢問」交談窗,因為新視窗是由 JavaScript 所建立開啟出來的。

範例原始碼	Window_close_a.htm、Close_test.htm

Window_close_.htm
```
<!doctype html>
<html>
<head>
<meta charset="utf-8">
<title>主視窗關閉子視窗、子視窗自我關閉</title>
<script type="text/javascript">
function openNew(){
newWin =window.open("Close_test.htm", "subwin","twidth=700, height=600")
}
</script>
</head><body>
我是網頁 Window_close_a.htm
<form>
<input type="button" value="按我開啟新視窗" onclick="openNew()" />
<input type="button" value="按我關閉新視窗" onclick="newWin.close()" />
</form>
<img src="img/z5.jpg" />
</body>
</html>
```

Close_test.htm
```
<!doctype html>
<html>
<head>
<meta charset="utf-8">
<title>我是新視窗</title>
</head>
<body>
我是網頁 Close_test.htm
<form>
<input type="button" value="按我關閉視窗" onclick="window.close()" />
</form>
<img src='img/z6.jpg'>
</body>
</html>
```

Edge 4x | IE 12.x | Chrome 5x | Opera 4x | FireFox 5x

window 物件

語法	**focus( ) , blur( )**
使用目的	**視窗焦點控制**
說明	■ focus 方法可將指定的瀏覽器視窗顯示順序設定為最前面（取得作用焦點）。 ■ blur 方法可將指定的瀏覽器視窗顯示順序設定為其他視窗的後面（放棄作用焦點）。
語法結構	window. focus()；window. blur() 視窗物件 . focus()；視窗物件 . blur()
示範	blur() 讓目前的視窗失去作用焦點，將目前視窗排列於其他視窗之後。 myWin.focus() 讓名為「myWin」的視窗獲得作用焦點，將該視窗排列於其他視窗之前

學習範例　　互換視窗的焦點

按下主視窗中的「按我開啟新視窗」按鈕,開啟新視窗「myWin」,按下主視窗的「讓我失去焦點」,或新視窗中的「讓我自己失去焦點」按鈕都可將該視窗排列的順序變為其他視窗；按下新視窗「myWin」中的「讓開啟我的父視窗得到焦點」按鈕,則可讓新視窗失去焦點,並把開啟它的父視窗顯示順序設定為最前面。

focus( ) , blur( )

範例原始碼　Window_focus.htm 、Focus_test.htm

Window_focus.htm
```html
<!doctype html>
<html>
<head>
<meta charset="utf-8">
<title>互換視窗的焦點</title>
<script type="text/javascript">
function openNew(){
myWin= window.open("focus_test.htm", "focuswin","resizable=1, width=500, height=400")
}
</script>
</head>
<body><form>
<input type="button" value="按我開啟新視窗" onclick="openNew()" />
<input type="button" value="讓我失去焦點" onclick="window.blur()" />
</form>
<br /><img src="img/z7.jpg" />
</body></html>
```

Focus_test.htm
```html
<!doctype html>
<html>
<head>
<meta charset="utf-8">
<title>我是新視窗</title>
</head>
<body>
我是網頁 Focus_test.htm
<form>
<input type="button" value="讓我自己失去焦點" onclick="window.blur()" />
<input type="button" value="讓開啟我的父視窗得到焦點" onclick="window.opener.focus()" />
<input type="button" value="關閉視窗" onclick="window.close()" />
</form>
<img src='img/z8.jpg' />
</body>
</html>
```

window 物件	
語法	**scrollTo(), scrollBy()**
使用目的	**變更視窗捲動軸位置**
說明	■ scrollTo 方法是按照相對座標值設定捲動軸位置，也就是捲動視窗到指定的像素座標。 ■ scrollBy 方法是以視窗左上角為基準，用絕對座標設定捲動軸位置的值（依指定的像素值位移捲動軸）。
語法結構	視窗物件 . scrollTo(X, Y) 視窗物件 . scrollBy(numX, numY) X、Y 為以視窗左上角為原點的絕對座標值。 numX、numY 為向 X 軸與向 Y 軸的移動量，numX 若為正數代表向左，負數向右；numY 若為正數代表向下，負數向上。
示範	myWin. scrollTo(150,250) 將視窗物件「 myWin 」的水平與垂直捲動軸位置移到座標「 150,250 」的位置（垂直捲動軸移到 250, 水平捲動軸移到 150）。 window. scrollTo(100,150) 將視窗水平與垂直捲動軸位置移到座標「 100,150 」的位置（垂直捲動軸移到 150, 水平捲動軸移到 100）。 window. scroByBy(100,150) 將視窗水平捲動軸位置向左移動 100 個像素，垂直捲動軸位置向下移動 100 個像素。

學習範例　捲動視窗內容

用 scrollTo 方法以 Y 軸為移動方向讓視窗捲動軸向下移動移動 500 個單位, 然後再向上移動500 個單位回到原來位置（應用 setTimeout 方法單次移動 1 個單位）。

範例原始碼　Window_scrollto.htm

```
<!doctype html>
<html>
<head>
<meta charset="utf-8">
<title>捲動視窗內容</title>
<script type="text/javascript">
var i=0

function scrDown(){
i++
if (i<=800){
window.scrollTo(0,i)
timeout=setTimeout("scrDown()",10)
}else{
clearTimeout(timeout)
timeout=setTimeout("scrUp()",10)
}
}

function scrUp(){
```

```
i--
if (i>1){
window.scrollTo(0,i)
timeout=setTimeout("scrUp()",10)
}else{
clearTimeout(timeout)
}
}
</script>
</head>
<body>
<form>
<input type="button" onclick="scrDown()"
value="捲動頁面" />
</form>
<img src="img/z0.jpg" /><br /><br />
<img src="img/z1.jpg" /><br /><br />
<img src="img/z2.jpg" />
</body>
</html>
```

學習範例　　左右位移視窗內容

用 scrollBy 方法以 X 軸為移動方向讓視窗捲動軸向右下移動移動 750 個像素, 然後再向左移位回到原來位置 (應用 setTimeout 方法單次移動 5 個像素) 。

範例原始碼 Window_scrollby.htm

```
<!doctype html>
<html>
<head>
<meta charset="utf-8">
<title>左右位移視窗內容</title>
<script type="text/javascript">
var current = 0

function starRight(){
if (current < 1500){
offSet=5
window.scrollBy(offSet,0)
current+=5
timeout=setTimeout("starRight()",100)
}else{
clearTimeout(timeout)
timeout=setTimeout("starLeft()",10)
}
}

function starLeft(){
offSet=-5
window.scrollBy(offSet,0)
current-=5
if (current >=0){
timeout=setTimeout("starLeft()",100)
}else{
clearTimeout(timeout)
}
}
</script>
</head><body>
<form><input type="button" onclick="starRight()" value="左右位移頁面" />
</form>
<table border="1" width="100%" id="table1"><tr>
<td><img src="img/z6.jpg" />   </td>
<td><img src="img/z4.jpg" />   </td>
<td><img src="img/z5.jpg" />   </td>
</tr></table>
</body>
</html>
```

Edge 4x | IE 12.x | Chrome 5x | Opera 4x | FireFox 5x

window 物件

語法	moveTo(), moveBy()
使用目的	變更視窗位置
說明	■ moveTo 方法可以將視窗移動到指定的絕對座標位置（螢幕左上角「0,0」為座標基準）。 ■ moveBy 方法是以相對座標的方式變動視窗位置。
語法結構	視窗物件 . moveTo(X, Y) 視窗物件 . moveBy(numX, numY) X、Y 是為以螢幕左上角為原點的絕對座標值。 numX、numY 為向 X 軸與向 Y 軸的移動量，numX 若為正數代表向右，負數向左；numY 若為正數代表向下，負數向上。
示範	window. moveTo(100,150) 將視窗移到座標「100,150」的位置。 myWin. moveTo(150,250) 將視窗物件「myWin」的位置移到座標「150,250」。 window. moveBy(100,150) 將視窗位置水平向右移動 100 個像素垂直向下移動 150 個像素。

學習範例　變更視窗位置

利用 moveTo 方法將視窗位置往右下方移動（應用 setTimeout 方法單次變動座標1個像素），然後使用 moveBy方法將視窗位置往左上移回到原來位置（應用 setTimeout 方法單次移動量1個像素）。

範例原始碼	Window_moveto.htm

```
<!doctype html>
<html>
<head>
<meta charset="utf-8">
<title>變更視窗位置</title>
<script type="text/javascript">
var current=0,offSet=-1

function starDL(){
if (current < 200){
window.moveTo(current,current)
current+=1
timeout=setTimeout("starDL()",50)
}else{
clearTimeout(timeout)
timeout=setTimeout("starUR()",50)
}
}

function starUR(){
if (current >0){
window.moveBy(offSet,offSet)
current-=1
timeout=setTimeout("starUR()",50)
}else{
clearTimeout(timeout)
}
}
</script>
</head>
<body>
<form>
<input type="button" onclick="starDL()" value="移動視窗" />
</form>
<img src="img/z9.jpg" /><br /><br />
</body>
</html>
```

window 物件

語法	**resizeTo(), resizeBy()**
使用目的	**變更視窗大小**
說明	■ resizeTo 方法：依指定的像素座標重新設定視窗大小。 ■ resizeBy 方法：以指定的像素數量重新設定視窗大小。
語法結構	視窗物件 . resizeTo(X, Y) 視窗物件 . resizeBy(numX, numY) X、Y 是像素座標值。 numX、numY 為視窗 X 軸與 Y 軸的大小變動量，numX 若為正數代表向右放大，負數向左縮小；numY 若為正數代表向下放大，負數向上縮小。
示範	window. resizeTo(100,150) 將視窗大小重新設定為寬 100 個像素，高 150 個像素。 myWin. resizeTo(150,250) 將視窗物件「 myWin」 的大小從重新設定為寬 150 個像素，高 250 個像素。 window. resizeBy(100,150) 重新設定視窗大小將水平方向加大 100 個像素，垂直方向加大 150 個像素。 myWin. resizeBy(135, -60) 重新設定視窗物件「 myWin」 的大小將水平方向加大 135 個像素，垂直方向縮小 60 個像素。

學習範例　重新設定視窗大小

初始設定視窗寬高各 500 個像素，位置變更為螢幕左上角。 每次按下「 縮小視窗」 按鈕就利用 resizeTo 方法將視窗大小縮小 20 個像素；每次按下 「 放大視窗」 按鈕則利用 rezizeBy 方法將視窗大小加大 20 個像素。

範例原始碼 **Window_resizeto.htm**

```
<!doctype html>
<html>
<head>
<meta charset="utf-8">
<title>重新設定視窗大小</title>
<script type="text/javascript">
window.moveTo(0,0)
window.resizeTo(600,600)
current=600

function starSmall(){
current-=20
if (current>200){
window.resizeTo(current,current)
}else{
current=200
}
}

function starBig(){
current+=20
if (current<=800){
window.resizeBy(20,20)
}else{
current=800
}
}
</script>
</head>
<body>
<form>
<input type="button" onclick="starSmall()" value="縮小視窗">
<input type="button" onclick="starBig()" value="放大視窗">
</form>
<img src="img/z10.jpg"><br><br>
</body>
</html>
```

window 物件	
語法	**print()**
使用目的	列印網頁內容
說明	■ 列印瀏覽器視窗內網頁畫面內容，這裡並不是說可以直接將網頁畫面輸出至印表機做列印的動作，而是呼叫「列印」交談窗出來讓你選擇印表機以及設定相關的列印設定，當你按下「列印」交談窗中的「列印」按鈕後才會真正地進行列印動作。 ■ 呼叫 print 方法即可出現瀏覽器的「列印」 交談窗。
語法結構	視窗物件 . print()
示範	print() 叫出瀏覽器的「 列印」 交談窗對目前作用中視窗的網頁內容進行列印動作。 myWin. print() 叫出瀏覽器的「 列印」 交談窗對將視窗物件「 myWin」 中的網頁內容進行列印。 window. subWin.print() 叫出瀏覽器的「 列印」 交談窗對視窗的框架「 subWin」 網頁內容進行列印。

學習範例　列印指定的網頁內容

print()

範例原始碼　Window_print.htm

```
<!doctype html>
<html>
<head>
<meta charset="utf-8">
<title>列印指定的網頁內容</title>
<script type="text/javascript">
function openPrint(printURL){
myWin= window.open(printURL, "","toolbar=0, resizable=1")
myWin.resizeTo(430,360)
myWin.print()
}
</script>
</head><body>
<table border="1" id="table1"><tr>
<td><input type="button" value="列印這張圖" onclick="openPrint('Ali8.htm')" />
<br /><img src="img/ali8.jpg" width="90%" height="90%" /></td>
<td><input type="button" value="列印這張圖" onclick="openPrint('Ali9.htm')" />
<br><img src="img/ali9.jpg" width="90%" height="90%" /></td>
</tr></table>
</body></html>
```

window 物件

語法	**alert( )**
使用目的	**訊息交談窗**
說明	■ 呼叫 alert 方法可出現交談窗。交談窗中的圖示為三角形外框的驚嘆號，與一段訊息內容，交談窗中的圖示無法變更，而訊息內容則可在呼叫 alert 方法時加以指定。 ■ 提示的訊息內容若含有 HTML 標籤，則 HTML 標籤只會當成單純的文字訊息輸出；若訊息內容太多可利用「\n」進行換行。
語法結構	視窗物件 . alert(文字訊息)
示範	alert("javascript 我愛你 ") 出現訊息內容為「 javascript 我愛你」的交談窗。 window. alert(" 親愛的網友 \n 歡迎光臨 ") 將訊息內容分割成『 親愛的網友』「 歡迎光臨」兩行輸出到交談窗中。

學習範例　　進站時間顯示 , 離站感謝光臨

載入網頁時出現「您的進站時間」交談窗, 離開網頁之前（onbeforeunload）出現「謝謝光臨!!歡迎下次再來!!」的確認交談窗。

範例原始碼　　Window_alert.htm

```
<!doctype html>
<html>
<head>
<meta charset="utf-8">
<title>進站時間顯示, 離站感謝光臨</title>
<script type="text/javascript">
intime=new Date()
inhours=intime.getHours()
inminutes=intime.getMinutes()
msg="您的進站時間 : "+inhours+"時
"+inminutes+"分"
alert("歡迎光臨\n"+msg)
window.onbeforeunload = function(){
return "謝謝光臨!! 歡迎下次再來!!"
}
</script>
</head><body>
<img src="img/b1.jpg" />
</body></html>
```

window 物件	
語法	**confirm( )**
使用目的	確認交談窗
說明	■ 呼叫 confim 方法可出現確認交談窗。確認交談窗中的圖示為問號，與一段詢問訊息，交談窗中的圖示無法變更，而詢問訊息內容則可在呼叫 confirm 方法時加以指定。 ■ confim 方法有一個布林類型的回傳值，回傳值由使用者者按下哪一個回覆按鈕來決定：「確定」按鈕回傳「true」；「取消」按鈕回傳「false」。
語法結構	視窗物件 . confirm(文字訊息)
示範	confimm(" 你確定要離開 ?") 出現訊息內容為「你確定要離開？」的確認交談窗。 ans= confirm(" 確認資料填寫無誤 ?") 出現訊息內容為「確認資料填寫無誤？」的確認交談窗，並將 confim 方法的回傳值存入變數 ans。

學習範例　信件內容確認後發送

按下「送出意見按鈕」後呼叫函數 sendMsg,出現「確認送出你的意見?」確認交談窗,按下交談窗中的「確定」按鈕後才會將表單中填寫的資料以 Email 方式寄出,如果按下交談窗中的「取消」按鈕將不會有任何動作產生。

範例原始碼　Window_confirm.htm

```
<!doctype html>
<html>
<head>
<meta charset="utf-8">
<title>確認信件的內容</title>
<script type="text/javascript">
function sendMsg(){
ans=window.confirm("確認送出你的意見?")
if(ans)
document.forms[0].submit()
}
</script>
</head><body>
<form action="mailto:charles@test.com"
method="post" enctype="text/plain">
您的大名:<input type="text" name="name"
size="30" /><br />
您的意見:<input type="text" name="content"
size="30" />
<input type="button" value="送出意見"
onClick="sendMsg()" />
</form>
<img src="img/b2.jpg" />
</body></html>
```

window 物件	
語法	**prompt()**
使用目的	訊息輸入交談窗
說明	■ 呼叫 prompt 方法可出現訊息輸入交談窗。訊息輸入交談窗中沒有圖示, 只有訊息輸入的提示訊息與一個讓使用者輸入資料的文字輸入框, 提示訊息內容可在呼叫 prompt 方法時加以指定。 ■ prompt 方法有一個字串類型的回傳值, 回傳值的內容就是使用者於文字輸入框中輸入的內容。若是使用者沒有輸入任何資料而按下「確定」按鈕則回傳值為「undefined」; 若是按下「取消」按鈕則回傳值是一個空值「null」。
語法結構	視窗物件 . prompt(提示訊息 , 預設值) 「預設值」參數的內容將會出現在訊息輸入交談窗中的文字輸入框, 此參數可省略
示範	ans= prompt(" 請輸入年齡 ", 20) 出現訊息內容為「請輸入年齡」的訊息輸入交談窗, 交談窗中的文字輸入欄位有預設資料「20」, 文字輸入欄位內容將成為回傳值存入變數 ans。

學習範例　依輸入的身高計算標準體重

出現「請問您的身高」訊息輸入交談窗請使用者輸入身高, 如果使用者沒有輸入任何資料而按下「確定」按鈕或是直接按下「取消」按鈕, 都會重複出現訊息輸入交談窗要求輸入資料, 輸入身高資料後網頁中顯示使用者輸入的身高資料與計算後的標準體重。

範例原始碼　Window_prompt.htm

```html
<!doctype html>
<html>
<head>
<meta charset="utf-8">
<title>依輸入的身高計算標準體重</title>
<script type="text/javascript">
function testWeight(){
height= prompt("請問您的身高？",170)
if(height) {
weight= test(height)
document.forms[0][0].value= height
document.forms[0][1].value= weight
}else{
testWeight()
}
}
function test(height){
var weight= height - 110
return weight
}

</script>
</head><body onload="testWeight()">
<form>
您輸入的身高:<input type="text" /><br />
您的標準體重:<input type="text" />
</form>
<img src="img/b3.jpg" />
</body></html>
```

Edge 4x	IE 12.x	Chrome 5x	Opera 4x	FireFox 5x

window 物件

語法	**setTimeout(), clearTimeout()**
使用目的	**延時執行函數 / 清除函數的延時執行**
說明	■ 使用 setTimeout 方法可在指定時間過後呼叫執行函數,setTimeout 方法只會在指定的時間過後呼叫執行函數 1 次,若要重複地在指定的時間過後執行函數,就必須將 setTimeout 方法放在函數裡面,讓函數能夠在指定時間過後,反覆地呼叫自己。 ■ 呼叫 clearTimeout 方法可中止終止 setTimeout 方法執行的函數。在使用 setTimeout 方法之前先呼叫 clearTimeout() 方法時將會產生錯誤。
語法結構	定時器物件變數 = setTimeout(欲執行的函數,時間設定) 「時間設定」 參數是以毫秒為單位 clearTimeout(定時器物件變數)
示範	timer= setTimeout("testWeight()", 3000) 設定定時器物件 「timer」 在 3 秒鐘後執行 「testWeight()」 函數。 clearTimeout (t imer) 終止定時器物件 「timer」 對函數的呼叫與執行。

學習範例　　最新消息跑馬燈

在函數 「showText」 中設定定時器 0.5 秒時間間隔後重複呼叫執行函數本身。按下 「靜止文字」 按鈕會呼叫 「stopText」 函數執行 clearTimeout 方法來終止 setTimeout 方法執行 「showText」 函數。

Part 03

範例原始碼　　Window_settimeout.htm

```
<!doctype html>
<html>
<head>
<meta charset="utf-8">
<title>最新消息跑馬燈</title>
<script type="text/javascript">
msg = "堅信自己是顆星，穿雲破霧亮晶晶。堅信自己是燧石，不怕敲打和曲折，堅信自己是人才，驅散
浮雲與陰霾。即將畢業，願擁有美好未來。從"五湖四海"來，到"天南地北"去。不管走到哪裡，不
管在什麼崗位，記得我們的誓言：永不言敗！永不放棄！永不絕望！勇往直前！"

function showText(){
 msg =msg.substr(1, msg.length-1) + msg.substring(0, 1)
 document.forms[0][0].value = msg
 myTimer= setTimeout("showText()", 500)
}

function stopText(){
 clearTimeout(myTimer)
 document.pic.src="img/b0.jpg"
}
</script>
</head>
<body onload="showText()">
<form>
最新消息:<input type="text" size="80" /><br />
<input type="button" value="靜止文字" onClick="stopText()" />
</form>
<img name="pic" src="img/b4.jpg" />
</body></html>
```

window 物件	
語法	**setInterval(), clearInterval()**
使用目的	**定時執行函數 / 清除函數的定時執行**
說明	■ 使用 setInterval 方法可依指定時間間隔重複呼叫執行函數，並不需要像 setTimeout 方法必須放在函數裡面，才能讓函數能夠在指定時間過後反覆地呼叫自己，也就是說只要呼叫 setInterval 方法 1 次即可重複執行函數。 **TIP**：呼叫 clearInterval 方法可中止終止 setInterval 方法執行的函數。
語法結構	定時器物件變數 = setInterval(欲執行的函數，時間設定) 「時間設定」參數是以毫秒為單位 clearInterval(定時器物件變數)
示範	timer= setInterval("testWeight()", 1000) 設定定時器物件「timer」在每 1 秒鐘過後就呼叫執行 1 次「testWeight()」函數。 clearInterval(timer) 終止定時器物件「timer」對函數的呼叫與執行。

學習範例　定時圖片更換

直接呼叫 setInterval 方法每隔1秒鐘呼叫執行 1 次「showPic」函數動態讀取陣列元素值成為網頁中圖片的來源。當按下「停止圖片切換」按鈕會呼叫「stopPic」函數執行 clearInterval 方法來終止 setInterval 方法執行「showPic」函數。

範例原始碼　Window_setInterval.htm

```html
<!doctype html>
<html>
<head>
<meta charset="utf-8">
<title>定時圖片更換</title>
<script type="text/javascript">
myPic = new Array("img/b001.jpg","img/b002.jpg","img/b003.jpg","img/b004.jpg","img/b005.jpg")
x=0

function showPic(){
 document.forms[0][0].value = myPic[x]
 document.pic.src=myPic[x]
 x++
 if (x>=5) x=0
}

function stopPic(){
 clearInterval(myTimer)
}
myTimer=setInterval('showPic()',1000)
</script>
</head><body>
<form>
圖片來源:<input type="text" size="45" /><br />
<input type="button" value="停止圖片切換" onClick="stopPic()" />
</form>
<img name="pic" src="img/b001.jpg" />
</body></html>
```

學習範例　　圖片縮放動畫

直接呼叫 setInterval 方法每隔 0.05 秒鐘呼叫執行 1 次「showPic」函數進行網頁中圖片的寬度定。當按下「停止圖片縮放」按鈕會呼叫「stopPic」函數執行 clearInterval 方法，來終止 setInterval 方法執行「showPic」函數。

範例原始碼　　Window_setInterval_a.htm

```html
<!doctype html>
<html>
<head>
<meta charset="utf-8">
<title>圖片縮放動畫</title>
<script type="text/javascript">
x=1,y=700

function showPic(){
 document.pic[0].width= x
 x+=1
 if (x>=700) x=0
 document.pic[1].width= y
 y-=1
 if (y<=0) y=700
}

function stopPic(){
 clearInterval(myTimer)
}
myTimer=setInterval('showPic()',50)
</script>
</head><body>
<form>
<input type="button" value="停止圖片縮放" onClick="stopPic()" />
</form>
<img name="pic" src="img/c001.jpg" />
<img name="pic" src="img/c002.jpg" />
</body></html>
```

Edge 4x | IE 12.x | Chrome 5x | Opera 4x | FireFox 5x

window 物件	
語法	**closed**
使用目的	判斷視窗是否關閉
說明	如果要得知某視窗的狀態是開啟或關閉可利用 window 物件的 closed 屬性，如果屬性值為 true 代表視窗是關閉狀態；如果屬性值為 false 代表視窗是開啟狀態。
語法結構	window. closed 視窗物件 . closed
示範	myStatus= myWin.closed 判斷視窗「 myWin」目前的狀態是開啟或是關閉，並將判斷結果存入變數「myStatus」。 if (! myWin.closed) alert(" 視窗已開啟 ") 判斷視窗「myWin」目前的狀態是開啟或是關閉，如果視窗已經開啟則出現提示視窗告知。

學習範例　　視窗開啟狀態判斷

當網頁載入時即開啟新視窗, 當按下「 按我開啟新視窗 」 按鈕時, 如果新視窗的 closed 屬性值為 true 代表新視窗是關閉狀態, 所以重新開啟新視窗, 如果新視窗的 closed 屬性值為 fase 代表新視窗是開啟狀態, 所以就不再開啟新視窗而以交談窗代替, 告知新視窗已經開啟。按下「 按我關閉新視窗 」 按鈕時, 如果新視窗的 closed 屬性值為 false 則關閉新視窗, 若新視窗的 closed 屬性值為 true 就出現交談窗, 告知新視窗已經關閉。

範例原始碼　Window_closed.htm

```
<!doctype html>
<html>
<head>
<meta charset="utf-8">
<title>視窗開啟狀態判斷</title>
<script type="text/javascript">
myWin= window.open("", "subwin","toolbar=0, resizable=1, height=300, width=430")
myWin.document.write("我是新視窗<br>")
myWin.document.write("<img src='img/c004.jpg' />")

function openNew(){
if (myWin.closed){
myWin= window.open("", "subwin","toolbar=0, resizable=1")
myWin.document.write("我是新視窗<br>")
myWin.document.write("<img src='img/c004.jpg' />")
}else{
alert("新視窗已經開啟了")
}
}

function closeNew(){
if (!myWin.closed){
myWin.close()
}else{
alert("新視窗已經關閉了")
}
}
</script>
</head><body>
<input type="button" value="按我開啟新視窗" onclick="openNew()" />
<input type="button" value="按我關閉新視窗" onclick="closeNew()" />
<br /><img name="pic" src="img/c003.jpg" />
</body></html>
```

Edge 4x | IE 12.x | Chrome 5x | Opera 4x | FireFox 5x

window 物件	
語法	**name**
使用目的	取得 / 設定視窗的名稱參照
說明	■ name 屬性值是雙向的，可取得視窗名稱參照，亦可進行視窗名稱參照的設定。 ■ open 方法的第二個參數「 target」 即是視窗物件的名稱參照「 name」 屬性值。
語法結構	window. name 視窗物件 . name
示範	myName= myWin.name 取得視窗 「myWin」 的名稱參照存入變數 「myName」 。 myWin.name =" 新視窗 " 設定視窗 「myWin」 的名稱參照為 「新視窗」 。

學習範例　　視窗名稱參照設定

當網頁載入時即開啟一個新視窗, 在主視窗中（Window_name.htm） 設定與輸出自身的名稱參照, 在開啟的新視窗中（Name_test.htm） 輸出自身與開啟者的名稱參照。

範例原始碼　**Window_name.htm, Name_test.htm**

Window_name.htm

```
<!doctype html>
<html>
<head>
<meta charset="utf-8">
<title>視窗名稱參照設定</title>
<script type="text/javascript">
myWin= window.open("name_test.htm", "subwin","toolbar=0, resizable=1, height=300, width=430")
window.name="我是主視窗, Window_name.htm"
document.write(window.name)
</script>
</head><body>
<br /><img src="img/c005.jpg" />
</body></html>
```

Name_test.htm

```
<!doctype html>
<html>
<head>
<meta charset="utf-8">
<title>我是子視窗</title>
<script type="text/javascript">
document.write("我的視窗名稱參照是: " + window.name + "<br />")
subjectName= window.opener.name
document.write("開啟我的主視窗名稱參照是: " + subjectName)
</script>
</head><body>
<br /><img src="img/c006.jpg" />
</body></html>
```

Edge 4x IE 12.x Chrome 5x Opera 4x FireFox 5x

Part 03

window 物件	
語法	**opener**
使用目的	**取得目前視窗的開啟者**
說明	■ opener 是 window 物件的屬性,而屬性值則為一個視窗物件(父視窗)的參照,代表目前視窗(子視窗)的開啟者。 ■ window.opener 本身就是一個視窗物件,所以 window 物件的方法與屬性皆適用於 window.opener。
語法結構	window. opener 視窗物件 . opener
示範	myName= myWin.opener 取得視窗「 myWin」的開啟者參照並存入變數「myName」。 window.opener.close( ) 關閉目前視窗的開啟者(關閉父視窗)。

學習範例   遠端視窗的照片瀏覽

window.opener本身就是一個視窗物件,所以遙控子視窗(Opener_pic.htm)就可呼叫主頁面視窗(Window_opener_pic.htm)的函數。「window.opener.nextPic()」、「window.opener.prevPic()」分別是呼叫主頁面視窗的 nextPic 與 prevPi 函數做圖片的上一張與下一張切換。

```
Window_opener_pic .htm
<!doctype html>
<html>
<head>
<meta charset="utf-8">
<title>遠端視窗遙控</title>
<script type="text/javascript">
x=7

function openChoose(){
newwindw=window.open("Opener_pic.htm","picCh","width=100,height=150")
}

function nextPic(){
if (x<9){
x+=1
document.pic.src="img/c00" + x + ".jpg"
document.forms[0][0].value="img/c00" + x + ".jpg"
}
}

function prevPic(){
if (x>7){
x-=1
document.pic.src="img/c00" + x + ".jpg"
document.forms[0][0].value="img/c00" + x + ".jpg"
}
}
</script>
</head><body onload="openChoose()">
<form>
這是我的旅遊照<br>
請在遙控視窗中選擇你要觀看的圖片
<input type="text" name="picUrl" value="img/c007.jpg" />
</form>
<img src="img/c007.jpg" name="pic" />
</body></html>

Opener_pic.htm
<!doctype html>
<html>
<head>
<meta charset="utf-8">
<title>遠端遙控子視窗</title>
</head><body>
<input type="button" value="下一張圖" onClick="window.opener.nextPic()" /><br />
<input type="button" value="上一張圖" onClick="window.opener.prevPic()" / ><br />
</body></html>
```

Edge 4x | IE 12.x | Chrome 5x | Opera 4x | FireFox 5x

window 物件

語法	**top, self, parent**
使用目的	視窗物件的交互參照
說明	■ top 指的是最上層的瀏覽器視窗。 ■ self 指的是目前使用的這個視窗本身，意義與「window」相同。 ■ parent 指的是父視窗，等同「opener」。若視窗是在框架中（頁面框架中的一個視窗）則 parent 指的是建立頁面框架的視窗。
語法結構	top. 框架視窗名稱；top. frams[框架視窗索引] parent. 框架視窗名稱；parent. frams[框架視窗索引] self
示範	myFram= top.frams[1] .name 取得最上層視窗中索引值為 1 的框架視窗名稱參照存入變數「myFram」。 top.centWindow.myFunction() 呼叫最上層視窗中名稱參照為「centWindow」的框架視窗內的函數「myFunction」。 parent.document.body.style.backgroundColor ="#FF0000" 設定父視窗的網頁背景顏色為紅色。

學習範例　　控制框架視窗的內容

從框架視窗「controlWindow」中控制自己與其他框架視窗的內容。

範例原始碼　Window_top.htm, Top_a.htm, Top_b.htm, Top_c.htm

Window_top.htm

```
<!doctype html>
<html>
<head>
<meta charset="utf-8">
<title> 框架視窗控制 </title>
</head>
<frameset cols="20%,*">
 <frame name="co ntrolwindow" src="Top_a.htm" />
<frameset rows="50%,50%">
 <frame name="topwindow" src="Top_b.htm" />
 <frame name="centwindow" src="Top_c.htm" />
</frameset>
</html>
```

Top_a.htm

```html
<!doctype html>
<html>
<head>
<meta charset="utf-8">
<title>controlwindow</title>
</head>
<script type="text/javascript">
function chgtop(){
top.topwindow.document.body.style.backgroundColor="#ff0000"
}
function chgcent(){
window.parent.centwindow.location="http://forum.twbts.com"
}

function chgcontrol(){
self.document.body.style.backgroundColor="#ffcc99"
}
</script>
<body bgcolor="#ffffcc">
controlwinndow(Top_a.htm)<br>
<a href="#" onclick="chgtop()"> 改變框架視窗 topwindow 的背景顏色 </a><br />
<a href="#" onclick="chgcent()"> 改變框架視窗 centwindow 的瀏覽位址 </a><br />
<a href="#" onclick="chgcontrol()"> 改變我自己的背景顏色 </a><br />
</body>
</html>
```

Top_b.htm

```html
<!doctype html>
<html>
<head>
<meta charset="utf-8">
<title>topwindow</title>
</head>

<body> 我是框架視窗內 topwindow 的網頁文件 Top_b.htm</body>
</html>
```

Top_c.htm

```html
<!doctype html>
<html>
<head>
<meta charset="utf-8">
<title>centwindow</title>
</head>
<body> 我是框架視窗內 centwindow 的網頁文件 Top_c.htm</body>
</html>
```

學習範例　　跳脫控制框架視窗 A

大家都不希望自己辛苦製作的網頁成為他人網站中的框架內容吧！簡單的應用 「parent」 就可讓你的網頁不會成他人的框架內容。

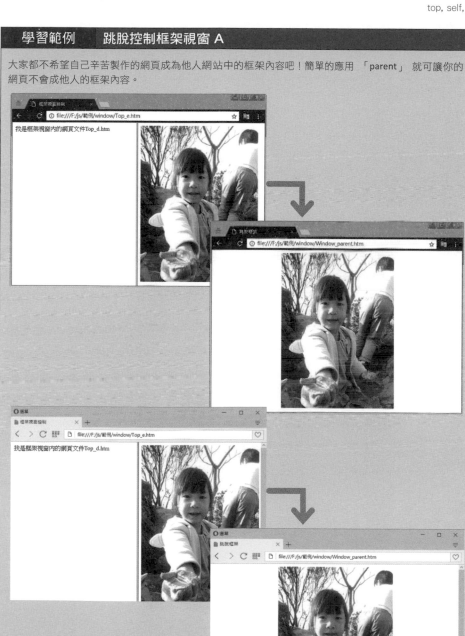

範例原始碼　Window_parent.htm, Top_d.htm, Top_e.htm

Window_parent.htm
```html
<!doctype html>
<html>
<head>
<meta charset="utf-8">
<title> 跳脫框架 </title>
<script type="text/javascript">
if (parent.location != window.location){
parent.location = window.location
}
</script>
</head><body><center>
<img src="img/c012.jpg" />
</body></html>
```

Top_e.htm
```html
<!doctype html>
<html>
<head>
<meta charset="utf-8">
<title> 框架視窗控制 </title>
</head>
<frameset cols="50%,*">
 <frame name="topwindow" src="Top_d.htm">
 <frame name="buttomwindow" src="Window_parent.htm">
</frameset>
</html>
```

Top_d.htm
```html
<!doctype html>
<html>
<head>
<meta charset="utf-8">
<title>buttomwindow</title>
</head>
<body>
我是框架視窗內的網頁文件 Top_d.htm
</body>
</html>
```

Part 03

HTML 物件

window 物件

語法	**length**
使用目的	**取得框架視窗的數量**
說明	■ length 屬性值為瀏覽器中框架視窗的數量。 ■ length 屬性需配合 top、parent、self 使用, 單純使用「window.length」則回傳值將是 0。
語法結構	window. top 或 parent 或 self.length
示範	myNum= top.length 取得最上層視窗中的框架視窗數量存入變數「myNum」。 alert (window.parent . length) 取得父視窗中的框架視窗數量顯示在交談窗中。

學習範例　　跳脫框架

想知道自己的網頁是否成為他人網站中的框架內容, 只要判斷最上層中的框架視窗數量就知道了。 本範例判斷最上層視窗的 length 屬性值是否大於 0, 若大於 0 則將最上層視窗瀏覽網址進行跳轉。

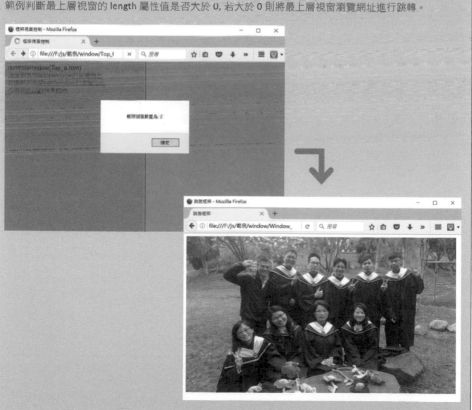

範例原始碼　Top_f.htm, Window_length.htm

Top_f.htm
```
<!doctype html>
<html>
<head>
<meta charset="utf-8">
<title> 框架視窗控制 </title>
</head>
<frameset cols="50%,*">
 <frame name="topwindow" src="Top_a.htm">
 <frame name="buttomwindow" src="Window_length.htm">
</frameset>
</html>
```

Window_length.htm
```
<!doctype html>
<html>
<head>
<meta charset="utf-8">
<title> 跳脫框架 </title>
<script type="text/javascript">
if (window.top.length>0){
alert(" 框架視窗數量為 : " + window.top.length)
top.location = window.location
}
</script>
</head><body>
<img src="img/c013.jpg" />
</body></html>
```

window 物件	
語法	**frames[ ]**
使用目的	使用視窗中所包含的頁框
說明	■ 視窗中的頁框（框架視窗）為陣列集合物件「frames[]」，每一個頁框架都是「frames[]」的陣列元素，而這些頁框陣列元素都可視為一個獨立的 window 物件。 ■ 在不知道頁框的名稱參照狀況下，利用 frames[] 參照頁框是最理想的作法。
語法結構	top.frames[頁框索引]. 方法 或 屬性 parent.frames[頁框索引]. 方法 或 屬性 self.frames[頁框索引]. 方法 或 屬性 索引值以 0 起始，頁框順序為由上而下，由左至右
示範	myNum= top. frames.length 取得最上層視窗中的框架視窗數量存入變數「myNum」。 myURL= parent.frames[1].location 取得父視窗中的索引值1的框架視窗位址存入變數「myURL」。 parent.frames[2].print() 呼叫瀏覽器的「列印」交談窗對父視窗中索引值2的框架視窗進行列印。

學習範例　　以陣列方式控制頁框

將頁框視窗數量、頁框參照名稱以交談窗說明，利用頁框陣列控制個頁框中顯示的圖片。

| 範例原始碼 | Window_frames_top.htm, Top_frames_a.htm, Top_frames_b.htm, Top_frames_c.htm |

Window_frames_top.htm
```
<!doctype html>
<html>
<head>
<meta charset="utf-8">
<title> 框架視窗控制 </title>
</head>
<frameset cols="20%,*">
 <frame name="controlwindow" src="Top_frames_a.htm">
<frameset rows="50%,50%">
 <frame name="topwindow" src="Top_frames_b.htm">
 <frame name="centwindow" src="Top_frames_c.htm">
</frameset>
</html>
```

Top_frames_a.htm
```
<!doctype html>
<html>
<head>
<meta charset="utf-8">
<title>controlWindow</title>
</head>
<body bgcolor="#FFFFCC">
```

```
controlWinndow(Top_frames_a.htm)<br />
<input type="button" value=" 框架頁的總數 " onClick="alert(top.frames.length)" /><br />
<input type="button" value=" 右上框架視窗的名稱 " onClick="alert(top.frames[1].name)" /><br />
<input type="button" value=" 右下框架視窗的名稱 " onClick="alert(top.frames[2].name)" /><br />
<input type="button" value=" 變更右上框架視窗中的圖片 " onClick="top.frames[1].document.pic.src='img/
b001.jpg'" /><br />
<input type="button" value=" 變更右下框架視窗中的圖片 " onClick="top.frames[2].document.pic.src='img/
b002.jpg'" /><br />
</body></html>
```

Top_frames_b.htm
```
<!doctype html>
<html>
<head>
<meta charset="utf-8">
<title>topwindow</title>
</head>
<body>
我是框架視窗內 topwindow 的網頁文件 Top_frames_b.htm
<br /><img name="pic" src="img/c014.jpg" />
</body></html>
```

Top_frames_c.htm
```
<!doctype html>
<html>
<head>
<meta charset="utf-8">
<title>centwindow</title>
</head>
<body>
我是框架視窗內 centwindow 的網頁文件 Top_frames_c.htm
<br /><img name="pic" src="img/c015.jpg" />
</body></html>
```

Edge 4x | IE 12.x | Chrome 5x | Opera 4x | FireFox 5x

document.image 物件

語法	**name**
使用目的	**取得與設定網頁文件中的圖片名稱參照**
說明	■ image 物件的 name 屬性對應於 HTML 標記「 <img> 」中的「 name 」屬性。 ■ name 屬性值在此指的是網頁文件中圖片的名稱識別參照,其屬性值為字串資料型態。
語法結構	document. 圖片名稱參照 或 images[索引值].name 索引值由 0 起始
示範	myName=document . images[1].name 取得網頁文件中第 2 個圖片物件的名稱參照存入變數「 myName 」。 alert(document. images[0].name) 在交談窗中顯示網頁文件中第 1 個圖片物件的名稱參照。

學習範例　　動態變更網頁文件中圖片的名稱參照

網頁載入時於文字欄位顯示網頁文件中各圖片預設的名稱參照。 在文字欄位中輸入新的子元件參照名稱並按下 「變更」 按鈕即可重新設定圖片的參照名稱 (name 屬性)。

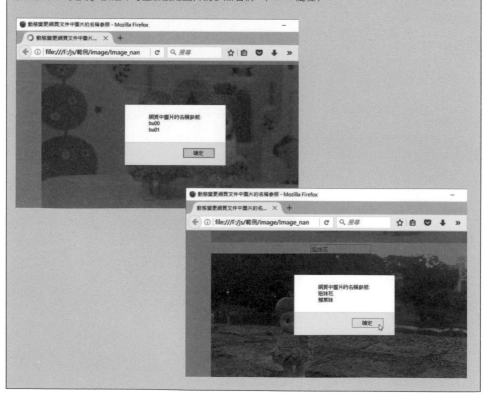

範例原始碼 | **Image_name.htm**

```
<!doctype html>
<html>
<head>
<meta charset="utf-8">
<title> 動態變更網頁文件中圖片的名稱參照 </title>
<script type="text/javascript">
function iniPic(){
document.forms[0][0].value=document.images[0].name
document.forms[0][1].value=document.images[1].name
alert(" 網頁中圖片的名稱參照 :" + "\n" +
document.images[0].name + "\n" +
document.images[1].name)
}

function chgName(){
document.images[0].name=document.forms[0][0].value
document.images[1].name=document.forms[0][1].value
alert(" 網頁中圖片的名稱參照 :" + "\n" +
document.images[0].name + "\n" +
document.images[1].name)
}
</script>
</head>
<body onLoad="iniPic()"><center>
<form>
<img src="img/bu00.jpg" name="bu00" />
<input type="text" /><br />
<img src="img/bu01.jpg" name="bu01" />
<input type="text" /><br />
<input type="button" value=" 變更 " onClick="chgName()" />
</form>
</body></html>
```

Edge 4x | IE 12.x | Chrome 5x | Opera 4x | FireFox 5x

document.image 物件	
語法	**length**
使用目的	取得網頁文件中的圖片數量
說明	■ length 屬性對應於網頁文件中 HTML 標記「 <img> 」的數量。 ■ length 屬性值會因為程式敘述在不同的網頁文件位置而產生不同的結果,若要取得網頁文件中全部的圖片數量,應將 length 屬性敘述包括在函數內,並在網頁文件載入完成後再行呼叫該函數。 ■ length 屬性值為數值資料型態。
語法結構	document . images. length
示範	myNum=document.images.length 取得網頁文件圖片物件的數量存入變數「 myNum 」。 alert(document.images.length) 在交談窗中顯示網頁文件中圖片物件的數量。

學習範例　　網頁文件中圖片的數量

在網頁文件中於每個 HTML 標記「<img>」後使用 length 屬性敘述,則每個 length 屬性值將會依圖片的載入而依序遞增,當網頁文件完成載入而呼叫「iniPic」函數並執行函數中的 length 屬性敘述,此時 length 屬性值才是網頁中全部圖片的數量。

範例原始碼　Image_length.htm

```
<!doctype html>
<html>
<head>
<meta charset="utf-8">
<title> 網頁文件中圖片的數量 </title>
<script type="text/javascript">
function iniPic(){
alert(" 網頁文件中共 " + document.images.length + " 張圖 ")
}
</script>
</head>
<body onLoad="iniPic()"><center>
<img src="img/bu02.jpg" />
<script type="text/javascript">
document.write(" 第 " + document.images.length + " 張圖 ")
</script>

<img src="img/bu03.jpg" />
<script type="text/javascript">
document.write(" 第 " + document.images.length + " 張圖 ")
</script>

<br /><img src="img/bu04.jpg" />
<script type="text/javascript">
document.write(" 第 " + document.images.length + " 張圖 ")
</script>

<img src="img/bu05.jpg" />
<script type="text/javascript">
document.write(" 第 " + document.images.length + " 張圖 ")
</script>
</body></html>
```

Edge 4x IE 12.x Chrome 5x Opera 4x FireFox 5x

document.image 物件	
語法	**src**
使用目的	取得 / 設定網頁文件中的圖片的連結來源
說明	■ src 屬性對應於網頁文件中 HTML 標記「<img>」的「src」屬性，也就是圖片的連結來源。 ■ src 屬性值為字串資料型態。
語法結構	document. 圖片名稱參照 或 images[索引值].src 索引值由 0 起始
示範	mySrc=document.images[0] .src 取得網頁文件中第 1 個圖片物件的連結來源存入變數「mySrc」。 document . images[1].src="test. jpg" 設定網頁文件中第 2 個圖片物件的連結來源為「test.jpg」。 document .myImg.src="test. jpg" 設定網頁文件中名稱參照「myImg」的圖片物件連結來源為「test.jpg」。

學習範例　　變更網頁文件中圖片的連結來源

當不同的單選鈕被選取時都會呼叫函數「chgPic」函數，在呼叫函數的同時會傳遞 1 個參數，參數值「this.value」代表單選鈕本身的資料值（value），在函數中動態組合圖片的連結來源指定給「src」屬性以顯示不同的圖片。

範例原始碼　Image_src.htm

```html
<!doctype html>
<html>
<head>
<meta charset="utf-8">
<title> 變更網頁文件中圖片的連結來源 </title>
<script type="text/javascript">
function chgPic(num){
  document.myPic.src="img/d" + num + ".jpg"
}
</script></head>
<body><center>
<img src="img/d02.jpg" name="myPic" /><br />
你想欣賞哪一座小百岳的三角點基石？
<form>
<input type="radio" name="myRadio" value="01" onClick="chgPic(this.value)" /> 南港土庫岳
<input type="radio" name="myRadio" value="02" onClick="chgPic(this.value)" /> 樹林大凍山
<input type="radio" name="myRadio" value="03" onClick="chgPic(this.value)" /> 中和烘爐塞山
<input type="radio" name="myRadio" value="04" onClick="chgPic(this.value)" /> 桃園南崁山
</form>
</body></html>
```

Edge 4x | IE 12.x | Chrome 5x | Opera 4x | FireFox 5x

document.image 物件

語法	**border**
使用目的	取得 / 設定網頁文件中的圖片的外框線寬度
說明	■ border 屬性對應於網頁文件中 HTML 標記「 <img> 」 的「 border 」 屬性，也就是圖片的外框線寬度。 TIP：border 屬性值為數值資料型態，單位為「像素」。
語法結構	document. 圖片名稱參照 或 images[索引值].border 索引值由 0 起始
示範	myNum=document.images[0].border 取得網頁文件中第 1 個圖片物件的外框線寬度存入變數「myNum」。 document.images[1].border=3 設定網頁文件中第 2 個圖片物件外框線寬度為「3」個像素。 document.myImg.src=5 設定網頁文件中名稱參照「myImg」的圖片外框線寬度為「5」個像素。

學習範例	變更圖片的外框線寬度

當不同的單選鈕被選取時都會呼叫函數「chgPic」函數，在呼叫函數的同時會傳遞 1 個參數，參數值「this.value」代表單選鈕本身的資料值 （value） ，在函數中動態變更圖片的外框線寬度。

```
<!doctype html>
<html>
<head>
<meta charset="utf-8">
<title> 變更圖片的外框線寬度 </title>
<script type="text/javascript">
function chgPic(num){
 document.myPic.border=num
}
</script></head>
<body><center>
<img src="img/bu06.jpg" name="myPic" /><br />
請選擇圖片的外框線寬度
<form>
<input type="radio" name="myRadio" value="3" onClick="chgPic(this.value)" />3px
<input type="radio" name="myRadio" value="5" onClick="chgPic(this.value)" />5px
<input type="radio" name="myRadio" value="10" onClick="chgPic(this.value)" />10px
</form>
</body></html>
```

Edge 4x IE 12.x Chrome 5x Opera 4x FireFox 5x

document.image 物件	
語法	**width, height**
使用目的	取得 / 設定網頁文件中的圖片的大小
說明	■ width 屬性為設定圖片的寬度,對應於網頁文件中 HTML 標記 「\<img\>」 的 「width」 屬性;height 屬性為設定圖片的高度,對應於網頁文件中 HTML 標記「\<img\>」 的「height」 屬性。 ■ width、height 屬性值為數值資料型態,單位為 「像素」 。
語法結構	document. 圖片名稱參照 或 images[索引值].width document. 圖片名稱參照 或 images[索引值].height 索引值由 0 起始
示範	myWidth=document .images[0] .width 取得網頁文件中第 1 個圖片物件的寬度存入變數 「myWidth」 。 document . images[1].width=300 設定網頁文件中第 2 個圖片物件寬度為 「300」 個像素。 document.myImg.height=500 設定網頁文件中名稱參照 「myImg」 的圖片高度為 「500」 個像素。

學習範例　　變更圖片的大小

當不同的單選鈕被選取時都會呼叫函數 「chgPic」 函數 ,在呼叫函數的同時會傳遞 1 個參數,參數值 「this.value」 代表單選鈕本身的資料值 (value), 在函數中動態變更圖片的寬度與高度。

範例原始碼　　**Image_width.htm**

```
<!doctype html>
<html>
<head>
<meta charset="utf-8">
<title> 變更圖片的大小 </title>
<script type="text/javascript">
var iniWidth,iniHeight

function iniPic(){
 iniWidth=document.myPic.width
 iniHeight=document.myPic.height
}

function chgPic(num){
 document.myPic.width=iniWidth * num
 document.myPic.height=iniHeight * num
}
</script></head>
<body onload="iniPic()"><center>
<img src="img/bu08.jpg" name="myPic" /><br />
請選擇圖片的大小比例
<form>
<input type="radio" name="myRadio" value="0.8" onClick="chgPic(this.value)">80%
<input type="radio" name="myRadio" value="1" checked onClick="chgPic(this.value)">100%
<input type="radio" name="myRadio" value="1.2" onClick="chgPic(this.value)">120%
</form>
</body></html>
```

Part 03

 Edge 4x | IE 12.x | Chrome 5x | Opera 4x | FireFox 5x

document.image 物件	
語法	**hspace, vspace**
使用目的	取得 / 設定網頁文件中圖片的間距
說明	■ hspace、vspace 屬性分別為設定圖片的水平與垂直間距，對應於網頁文件中 HTML 標記「<img>」的「hspace」、「vspace」屬性；這裡所稱的間距是指圖片與文字的水平、垂直距離。 ■ hspace、vspace 屬性值為數值資料型態，單位為「像素」。
語法結構	document. 圖片名稱參照 或 images[索引值].hspace document. 圖片名稱參照 或 images[索引值].vspace 索引值由 0 起始
示範	myWidth=document.images[0].hspace 取得網頁文件中第 1 個圖片物件與文字的水平間距值存入變數「myWidth」。 document . images[1] .hspace=30 設定網頁文件中第 2 個圖片物件與文字的水平間距為「30」個像素。 document.myImg.vspace=50 設定網頁文件中名稱參照「myImg」的圖片與文字的垂直間距為「50」個像素。

學習範例　動態變更圖片的間距

在呼叫函數的同時會傳遞 1 個參數，參數值「this.value」代表單選鈕本身的資料值（value），當「水平間距」單選鈕被選取時會呼叫函數「chgHspace」函數，在函數中動態變更圖片的水平間距；當「垂直間距」單選鈕被選取時會呼叫函數「chgVspace」函數,在函數中動態變更圖片的垂直間距。

| 範例原始碼 | Image_hspace.htm |

```
<!doctype html>
<html>
<head>
<meta charset="utf-8">
<title> 動態變更圖片的間距 </title>
<script type="text/javascript">
function chgHspace(num){
 document.myPic.hspace=num
}

function chgVspace(num){
 document.myPic.vspace=num
}
</script></head>
<body onload="iniPic()">
```
□ border 屬性對應於網頁文件中 HTML 標記 『<img>』 的 『border』 屬性，
略 ~
```
<img src="img/bu07.jpg" name="myPic" align="left">
```
件中 HTML 標記 『<img>』 的 『border』 屬
性，
也就是圖片的外框線寬度。
□ border 屬性值為數值資料型態，單位為 『像素』 。
□ width 屬性為設定圖片的寬度，對
~ 略
```
<center><form>
```
請選擇圖片的水平間距 `<br />`
```
<input type="radio" name="myRadio1" value="10" onClick="chgHspace(this.value)" />10
<input type="radio" name="myRadio1" value="30" onClick="chgHspace(this.value)" />30
<input type="radio" name="myRadio1" value="50" onClick="chgHspace(this.value)" />50
<br> 請選擇圖片的垂直間距 <br />
<input type="radio" name="myRadio2" value="10" onClick="chgVspace(this.value)" />10
<input type="radio" name="myRadio2" value="30" onClick="chgVspace(this.value)" />30
<input type="radio" name="myRadio2" value="50" onClick="chgVspace(this.value)" />50
</form>
</body></html>
```

Edge 4x IE 12.x Chrome 5x Opera 4x FireFox 5x

Part 03

document.form 物件	
語法	**name**
使用目的	取得與設定網頁文件中的表單名稱
說明	■ 網頁文件中表單內容以 HTML 標籤 「<form>」 為起始與 「</fome>」 為截止，網頁中可存在多個表單，在 JavaScript 裡這些表單可用 forms[]」 陣列物件加以控制，或以各別表單名稱參照為識別加以控制。 ■ name 屬性值即是表單的名稱識別，對應於 HTML 標籤 「<form>」 內的 「name」 屬性。
語法結構	document. 表單名稱參照 或 forms[索引值].name 索引值由 0 起始
示範	myName=document.form[1].name 取得網頁文件中第 2 個表單的名稱參照存入變數 「myName」 。 alert(document. form[0].name) 在交談窗中顯示網頁文件中第 1 個表單的名稱參照。

學習範例　　變更表單的識別名稱

網頁載入時於文字欄位中顯示各個表單預設的名稱參照。 在文字欄位中輸入新的表單參照名稱並按下 「變更」 按鈕即可重新設定表單的參照名稱 （name 屬性）。

範例原始碼　　**Form_name.htm**

```
<!doctype html>
<html>
<head>
<meta charset="utf-8">
<title> 動態變更表單的名稱參照 </title>
<script type="text/javascript">
function iniForm(){
document.forms[0][0].value=document.forms[0].name
document.forms[1][0].value=document.forms[1].name
}

function chgName(formIndex){
document.forms[formIndex].name= document.forms[formIndex][0].value
alert(" 索引 " + formIndex + " 的表單名稱參照已變更為 " +
document.forms[formIndex].name)
iniForm()
}
</script>
</head>
<body onLoad="iniForm()"><center>
<form name="form1">
第 1 個表單名稱為 : <input type="text" />
<input type="button" value=" 變更 " onClick="chgName(0)" />
</form>
<img src="img/ani01.jpg" />
<form name="form2">
第 2 個表單名稱為 : <input type="text" />
<!nput type="button" value=" 變更 " onClick="chgName(1)" />
</form>
</body></html>
```

Edge 4x | IE 12.x | Chrome 5x | Opera 4x | FireFox 5x

document.form 物件	
語法	**length**
使用目的	取得網頁文件中表單內元件的數量
說明	■ 網頁文件中的表單為陣列集合物件「form[]」，每一個獨立的表單都是「forms」的陣列元素。 ■ 應用於獨立表單的 length 屬性，其值為該表單中的成員總數。若 length 屬性應用於網頁文件中的表單集合物件，則其值為網頁文件中的表單總數。 ■ length 屬性值是單向的，不可加以指定，length 屬性值為數值資料型態。
語法結構	document. 表單名稱參照 或 forms[索引值].length 索引值由 0 起始
示範	myLen=document. form[1]. length 取得網頁文件中第 2 個表單內的元件個數存入變數「myLen」。 alert(document.myFform.length) 在交談窗中顯示網頁文件中名稱參照「myForm」的表單元件數量。 myLen=document .forms. length 取得網頁文件中的表單個數存入變數「myLen」。

學習範例　　計算表單內元件數量

取得網頁文件中表單的數量，然後依序以交談窗告知個別表單中的元件數量。

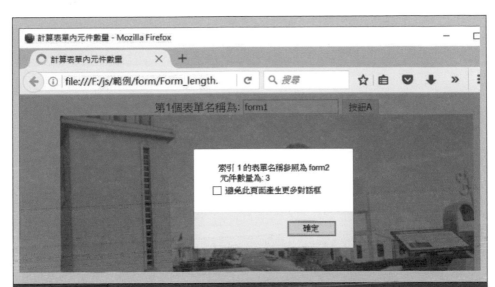

範例原始碼 **Form_length.htm**

```
<!doctype html>
<html>
<head>
<meta charset="utf-8">
<title> 計算表單內元件數量 </title>
<script type="text/javascript">
function countNum(){
for (x=0; x<document.forms.length; x++){
alert(" 索引 " + x + " 的表單名稱參照為 " +
document.forms[x].name  + "\n 元件數量為 : " +
document.forms[x].length)
document.forms[x][0].value= document.forms[x].name
}
}
</script>
</head>
<body onLoad="countNum()"><center>
<form name="form1">
第 1 個表單名稱為 : <input type="text" />
<input type="button" value=" 按鈕 A" onclick="countNum()" />
</form>
<img src="img/ani02.jpg" />
<form name="form2">
第 2 個表單名稱為 : <input type="text" />
<input type="button" value=" 按鈕 1" />
<input type="button" value=" 按鈕 2" />
</form>
</body></html>
```

	Edge 4x	IE 12.x	Chrome 5x	Opera 4x	FireFox 5x

document.form 物件	
語法	**action, method, target, encoding**
使用目的	**網頁文件中表單資料傳送的規則設定**
說明	■ action：表單資料送交的對象，對應於 HTML 標籤「<form>」內的「action」屬性。 ■ method：表單資料送交的方式，對應於 HTML 標籤「<form>」內的「method」屬性，屬性值為「Get」或「Post」。使用 Get 方式傳遞表單資料時，當我們按下傳送按鈕後，資料會立刻送出給伺服器，執行效能較高，但資料傳送量較小，最多只能傳送 2K 左右的資料；使用 Post 方式傳遞表單資料時，我們按下傳送按鈕後，資料不會立刻送出給伺服器，而是等待伺服器前來讀取，所以執行效能較低，但資料傳送量較大，傳送的資料不受限制。 ■ target：表單資料送交對象的所在視窗位置，對應於 HTML 標籤「<form>」內的「target」屬性。 ■ encoding：表單資料傳送時資料的編碼方式（MIME 類型），例如「multipart/form-data」，預設值為「text/plain」，此屬性對應於 HTML 標籤「<form>」內的「enctype」屬性。
語法結構	document. 表單名稱參照 或 forms[索引值]. action document. 表單名稱參照 或 forms[索引值]. method document. 表單名稱參照 或 forms[索引值]. target document. 表單名稱參照 或 forms[索引值]. encoding
示範	document .form[1]. action="http: //127.0.0.1/test .aspx" 設定網頁文件中第 2 個表單的資料送交對象為「http://127.0.0.1/test.aspx」。 aler t (document.myFform.method) 在交談窗中顯示網頁文件中名稱參照「myForm」的表單資料送交方式。 document.form[0]. target="subWin" 設定網頁文件中第 1 個表單的資料送交對象視窗位置為「subWin」。 myMime= document.myFform.encoding 取得網頁文件中名稱參照「myForm」的表單資料編碼方式存入變數「myMime」。

學習範例　　表單寄信

表單寄信在表單資料送出前先進行資料傳送規則的設定。

範例原始碼　　Form_action.htm

```
<!doctype html>
<html>
<head>
<meta charset="utf-8">
<title> 表單寄信 </title>
<script type="text/javascript">
function sendMail(){
document.forms[0].action="mailto:test@abc.com"
document.forms[0].mathod="Post"
document.myForm.encoding="text/plain"
}
</script>
</head><body>
<form name="myForm" onsubmit="sendMail()">
您的大名 :<input type="text" name="user" /><br />
您的意見 :<textarea rows="3" name="message" cols="40" />
</textarea><br />
<input type="submit" value=" 送出信件 " />
</form>
<img src="img/ani03.jpg" />
</body></html>
```

Edge 4x　 IE 12.x　 Chrome 5x　 Opera 4x　 FireFox 5x

Part 03

document.form 物件	
語法	**submit(), reset()**
使用目的	傳送表單資料 / 重置表單內容
說明	■ submit 方法可將表單資料依指定的傳送規則送出，等同按下表單中的「submit」送出按鈕。 ■ reset 方法可將表單資料內容重置，也就是將表單內容恢復到初始狀態，等同按下表單中的「reset」重新設定按鈕。
語法結構	document. 表單名稱參照 或 forms[索引值]. submit() document. 表單名稱參照 或 forms[索引值]. reset()
示範	document.form[1]. submit() 送出網頁文件中第 2 個表單的資料。 document .myForm.reset () 重置網頁文件中名稱參照「myForm」的表單資料。

學習範例　　資料傳送確認

按下「送出信件」的圖片連結，呼叫「sendMail」函數出現確認窗，確認傳送信件後使用 submit 方法送出表單資料。 按下「放棄重寫」的圖片連結，呼叫「clearMail」函數出現確認窗，確認清除表單內容後使用 reset 方法將表單資料恢復到初始狀態。

範例原始碼　　Form_submit.htm

```
<!doctype html>
<html>
<head>
<meta charset="utf-8">
<title> 表單寄信 </title>
<script type="text/javascript">
function sendMail(){
ans=confirm(" 填寫完畢？確定送出信件 ?")
if (ans){
document.forms[0].submit()
alert(" 信件已寄出！感謝你的意見 !!")
}else{
alert(" 已取消寄出信件 !!")
}
}

function clearMail(){
ans=confirm(" 確認清除已填寫的內容 ?")
if (ans){
document.forms[0].reset()
alert(" 表單內容已恢復到初始狀態 !!")
}
}
</script>
</head><body>
<img src="img/ani04.jpg" />
<form name="myForm" action="mailto:test@abc.
com">
您的大名 :<input type="text" name="user" /><br />
您的意見 :<textarea rows="3" name="message"
cols="40" />
</textarea><br />
<a href="#" onclick="sendMail()">
<img src="img/submit.gif" border="0" /></a>
<a href="#" onclick="clearMail()">
<img src="img/reset.gif" border="0" /></a>
</form>
</body></html>
```

Edge 4x   IE 12.x   Chrome 5x   Opera 4x   FireFox 5x

document.form. 元素 物件

語法	**name**
使用目的	取得與設定表單中的元素名稱
說明	■ 網頁中的 「form」 表單物件集合構成 「forms[]」 物件，而表單中的子元件集合構成 「elements[]」 陣列物件，每個表單中的子元件都是 「elements[]」 陣列物件的一個 「元素」 。 ■ 表單中的子元件構成 「elements[]」 陣列物件，「elements[]」 陣列物件構成 「forms[]」 陣列物件，因此，網頁中的表單子元件可以使用二維陣列的方式 「forms[][]」 加以控制。 ■ name 屬性值在此指的是表單中子元件的名稱識別參照，也就是 「elements[]」 陣列物件中「元素」 的名稱參照。
語法結構	document. 表單名稱參照 . 表單子元件名稱參照 或 elements[索引值].Name document.forms[索引值]. 表單子元件名稱參照 或 elements[索引值].name document. forms[表單索引值][表單中子元件索引值].name 索引值由 0 起始
示範	myName=document.forms[1].elements[1].name 取得網頁文件中第 2 個表單中第 2 個子元件的名稱參照存入變數 「myName」 。 aler t(document .forms[0][3] .name) 在交談窗中顯示網頁文件中第 1 個表單中第 4 個子元件的名稱參照。 myName=document .myForm.elements[1] .name 取得網頁文件中名稱參照 「myForm」 的表單中第 2 個子元件的名稱參照存入變數 「myName」 。

學習範例　　變更表單中元件的識別名稱

網頁載入時於文字欄位中顯示各個表單子元件（文字輸入欄位）預設的名稱參照。在文字欄位中輸入新的子元件參照名稱並按下「變更」按鈕即可重新設定子元件的參照名稱（name 屬性）。

範例原始碼　Form_item_name.htm

```
<!doctype html>
<html>
<head>
<meta charset="utf-8">
<title> 動態變更表單中子元件的名稱參照 </title>
<script type="text/javascript">
function iniForm(){
document.forms[0][0].value=document.forms[0][0].name
document.forms[0][1].value=document.forms[0][1].name
alert(" 表單子元件名稱參照 :" + "\n" +
document.forms[0][0].name + "\n" +
document.forms[0][1].name + "\n" +
document.forms[0][2].name)
}

function chgName(){
document.myForm.elements[0].name=document.myForm.elements[0].value
document.myForm.elements[1].name=document.myForm.elements[1].value
document.myForm.elements[0].value=document.myForm.elements[0].name
document.myForm.elements[1].value=document.myForm.elements[1].name
alert(" 表單子元件名稱參照 :" + "\n" +
document.myForm.elements[0].name + "\n" +
document.myForm.elements[1].name + "\n" +
document.myForm.elements[2].name)
}
</script>
</head>
<body onLoad="iniForm()"><center>
<form name="myForm">
第 1 個表單子元件名稱為 : <input type="text" name=" 文字輸入欄位 1 號 " /><br />
第 2 個表單子元件名稱為 : <input type="text" name=" 文字輸入欄位 2 號 " /><br />
<input type="button" value=" 變更 " name=" 我是按鈕 " onClick="chgName()" />
</form>
<img src="img/s00.jpg" />
</body></html>
```

Edge 4x | IE 12.x | Chrome 5x | Opera 4x | FireFox 5x

document.form. 元素 物件

語法	**length**

使用目的	**取得表單中的元素數量**
說明	■ 每個表單中的子元件都是「elements[]」 陣列物件的一個「元素」，利用 length 屬性可以取得「elements[]」 陣列物件的長度，這個「長度」 也就是表單中子元件的數量。 ■ length 屬性的應用對象如為表單中的子元件陣列，則屬性值為子元件的元素個數。
語法結構	document. 表單名稱參照 . 表單子元件名稱參照 或 elements[索引值].length document. forms[索引值]. 表單子元件名稱參照 或 elements[索引值].length document. forms[表單索引值][表單中子元件索引值].length 索引值由 0 起始
示範	myValue=document.forms[1].elements[1].length 取得網頁文件中第 2 個表單中第 2 個子元件的元素個數存入變數「myValue」 。 alert(document.forms[0][3].length) 在交談窗中顯示網頁文件中第 1 個表單中第 4 個子元件的元素個數。 myValue=document.myForm.elements[1].length 取得網頁文件中名稱參照 「myForm」 的表單中第 2 個子元件的元素個數存入變數「myValue」 。

學習範例　　取得表單中元件的元素數量

網頁載入時將 「 length」 屬性應用於表單物件上，在交談窗中顯示表單中子元件的個數。 在函數 「chgPic」 中，將 「length」 屬性應用於表單中的子元件 「PicRadio」 ，依子元件 「PicRadio」 的元素 何者被選取而顯示不同的圖片。

範例原始碼   **Form_item_length.htm**

```
<!doctype html>
<html>
<head>
<meta charset="utf-8">
<title> 取得元素個數 </title>
<script type="text/javascript">
function iniForm(){
alert(" 表單子元件數量 :" + document.myForm.length)
}

function chgPic(){
 for (x=0; x<document.forms[0].picRadio.length; x++){
  if (document.forms[0].picRadio[x].checked){
  document.pic.src=document.forms[0].picRadio[x].value
  }
 }
}
</script>
</head>
<body onLoad="iniForm()"><center>
<form name="myForm">
士林劍潭山賞風光 : <br />
<input type="radio" name="picRadio" Value="img/s01.jpg" /> 基隆河
<input type="radio" name="picRadio" value="img/s02.jpg" /> 遠眺 101
<input type="radio" name="picRadio" value="img/s03.jpg" /> 松山機場 <br />
<input type="button" value=" 變更圖片 " name=" 我是按鈕 " onClick="chgPic()" />
</form>
<img name="pic" src="img/s000.jpg" />
</body></html>
```

Edge 4x | IE 12.x | Chrome 5x | Opera 4x | FireFox 5x

document.form. 元素 物件

語法	**index**
使用目的	**取得項目的索引參照**
說明	■ index 屬性應用對象如為表單中的子元件陣列，則屬性值為子元件的元素索引參照；如應用對象為表單，則屬性值為表單元件的索引參照。 ■ index 屬性的屬性值為數值資料型態。
語法結構	document. 表單名稱參照 . 表單子元件名稱參照 或 elements[索引值].index document.forms[索引值]. 表單子元件名稱參照 或 elements[索引值].index document. forms[表單索引值][表單中子元件索引值].index 索引值由 0 起始
示範	myValue=document.forms[1].elements["myText "].index 取得網頁文件中第 2 個表單中「myText」子元件的索引參照存入變數「myValue」。 myValue=document.myForm.myMenu. index 取得網頁文件中名稱參照「 myForm」 的表單中「myMenu」 子元件的索引參照存入變數「myValue」。

學習範例　　取得被選取項目的索引值

依被選取項目的 「value」 顯示不同的圖片，並將被選取項目的索引參照，顯示於交談窗。

 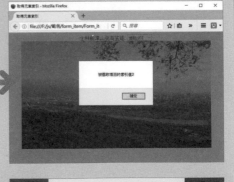

範例原始碼   Form_item_index.htm

```
<!doctype html>
<html>
<head>
<meta charset="utf-8">
<title> 取得元素索引 </title>
<script type="text/javascript">
function chgPic(){
 for (x=0; x<document.forms[0].mySelect.options.length; x++){
  if (document.forms[0][0].options[x].selected){
  document.pic.src=document.forms[0][0].options[x].value
  alert(" 被選取項目的索引值 " + document.forms[0].mySelect.options[x].index)
  }
 }
}
</script>
</head>
<body><center>
<form name="myForm">
士林劍潭山登高望遠 : <select name="mySelect" onChange="chgPic()" />
<option selected> 請選擇 </option>
<option value="img/s01.jpg"> 基隆河 </option>
<option value="img/s02.jpg"> 遠眺 101</option>
<option value="img/s03.jpg"> 松山機場 </option>
</select>
</form>
<img name="pic" src="img/s04.jpg" />
</body></html>
```

Edge 4x IE 12.x Chrome 5x Opera 4x FireFox 5x

document.form. 元素 物件

語法	**type**
使用目的	取得表單中子元件的種類參照
說明	■ type 屬性應用對象為表單中的子元件，取得的屬性值為子元件的種類參照，例如「text」文字輸入欄位、「radio」單選鈕…等。 ■ type 屬性的屬性值為字串資料型態。
語法結構	document. 表單名稱參照 . 表單子元件名稱參照 或 elements[索引值].type document. forms[索引值]. 表單子元件名稱參照 或 elements[索引值].type document. forms[表單索引值][表單中子元件索引值].type 索引值由 0 起始
示範	myType=document.forms[0].elements["myText "] .type 取得網頁文件中第 1 個表單中「myText」子元件的種類參照存入變數「myType」。 myType=document.myForm.myMenu.type 取得網頁文件中名稱參照「myForm」的表單中「myMenu」子元件的種類參照存入變數「myType」。

學習範例　取得表單元件的種類名稱

網頁載入時，將網頁文件中第 1 個表單內的每個子元件種類參照顯示於交談窗。

範例原始碼　Form_item_type.htm

```html
<!doctype html>
<html>
<head>
<meta charset="utf-8">
<title> 取得表單中子元件的種類參照 </title>
<script type="text/javascript">
function showType(){
typeMsg=""
 for (x=0; x<document.forms[0].elements.length; x++){
  typeMsg += " 第 " + (x+1) + " 個子元件種類 : " +
  document.forms[0].elements[x].type + "\n"
  }
   alert(typeMsg)
}
</script>
</head>
<body onLoad="showType()">
<form name="myForm">
姓名 : <input type="text" />
性別 : <select>
<option selected> 請選擇 </option>
<option> 男 </option>
<option> 女 </option>
</select><br>
意見 : <textarea cols="40" rows="3"></textarea><br />
<input type="submit" value=" 送出資料 " />
</form>
<img name="pic" src="img/s05.jpg" />
</body></html>
```

Edge 4x IE 12.x Chrome 5x Opera 4x FireFox 5x

document.form. 元素 物件

語法	**value**
使用目的	取得 / 設定表單中子元件的資料值
說明	■ value 屬性應用對象為表單中的子元件,取得的屬性值為子元件的資料值。 ■ value 屬性的屬性值為字串資料型態。
語法結構	document. 表單名稱參照 . 表單子元件名稱參照 或 elements[索引值].value document. forms[索引值]. 表單子元件名稱參照 或 elements[索引值].value document. forms[表單索引值][表單中子元件索引值]. value 索引值由 0 起始
示範	myValue=document .forms[0].elements["myText "] .value 取得網頁文件中第 1 個表單中「myText」 子元件的資料值存入變數「myValue」 。 myValue=document.myForm.myText.value 取得網頁文件中名稱參照「myForm」 的表單中「myText」 子元件的資料值存入變數「myValue」 。 document.forms[0] [2].value= myValue 將網頁文件中第 1 個表單中第 3 個子元件的資料值指定為變數「myValue」 的值。

學習範例　　取得表單元件的資料值

網頁載入時,於交談窗顯示每個子元件的預設資料值,按下 「 送出資料」 按鈕後,於交談窗顯示每個子元件的新設定資料值。

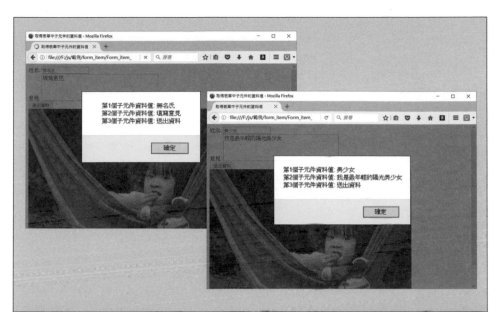

範例原始碼　**Form_item_value.htm**

```
<!doctype html>
<html>
<head>
<meta charset="utf-8">
<title> 取得表單中子元件的資料值 </title>
<script type="text/javascript">
function showValue(){
typeMsg=""
 for (x=0; x<document.forms[0].elements.length; x++){
  typeMsg += " 第 " + (x+1) + " 個子元件資料值 : " +
  document.forms[0].elements[x].value + "\n"
 }
  alert(typeMsg)
}
</script>
</head>
<body onLoad="showValue()">
<form name="myForm">
姓名 : <input type="text" value=" 無名氏 " /><br />
意見 : <textarea cols="40" rows="3"> 填寫意見 </textarea><br />
<input type="button" value=" 送出資料 " onClick="showValue()" />
</form>
<img name="pic" src="img/s06.jpg" />
</body></html>
```

Edge 4x IE 12.x Chrome 5x Opera 4x FireFox 5x

document.form. 元素 物件

語法	**defaultValue**
使用目的	取得 / 設定表單中子元件的預設資料值
說明	■ defaultValue 屬性值為表單中的子元件預設資料值。 ■ defaultValue 屬性的屬性值為字串資料型態。
語法結構	document. 表單名稱參照 . 表單子元件名稱參照 或 elements[索引值].defaultValue document.forms[索引值]. 表單子元件名稱參照 或 elements[索引值].defaultValue document. forms[表單索引值][表單中子元件索引值]. defaultValue 索引值由 0 起始
示範	myValue=document .forms[0].elements["myText "] . defaultValue 取得網頁文件中第 1 個表單中「myText」 子元件的預設資料值存入變數「myValue」。 myValue=document.myForm.myText. defaultValue 取得網頁文件中名稱參照 myForm」 的表單中「myText」 子元件的預設資料值存入變數「myValue」 。 document .forms[0] [2]. defaultValue = myValue 將網頁文件中第 1 個表單中第 3 個子元件的預設資料值指定為變數「myValue」 的值。

學習範例　　還原表單元件的資料值

在呼叫 「 backValue」 函數時指定要恢復預設資料的表單子元件索引 , 進行子元件的預設資料值回復前先於交談窗顯示子元件的目前資料值與回復後預設資料值。

範例原始碼　Form_item_defaultvalue.htm

```html
<!doctype html>
<html>
<head>
<meta charset="utf-8">
<title> 恢復表單中子元件的資料值 </title>
<script type="text/javascript">
function backValue(num){
valueMsg = " 將第 " + (num+1) + " 個子元件資料值由 『" +
document.forms[0].elements[num].value + " 』 恢復到預設值 『" +
document.forms[0].elements[num].defaultValue + " 』 "
alert(valueMsg)
document.forms[0].elements[num].value = document.forms[0].elements[num].defaultValue

}
</script>
</head>
<body onLoad="showValue()">
<form name="myForm">
姓名：<input type="text" value=" 無名氏 " /><br />
意見：<textarea cols="40" rows="3"> 填寫意見 </textarea><br>
<input type="button" value=" 姓名恢復到預設值 " onClick="backValue(0)" />
<input type="button" value=" 意見恢復到預設值 " onClick="backValue(1)" />
</form>
<img name="pic" src="img/s07.jpg" />
</body></html>
```

Edge 4x | IE 12.x | Chrome 5x | Opera 4x | FireFox 5x

document.form. 元素 物件

語法	**checked**
使用目的	**取得 / 設定表單中子元件的選項狀態**
說明	■ checked 屬性為確認表單中子元件的選取狀態，作用對象為表單子元件「radio」單選鈕或「checkbox」多選鈕。 ■ checked 屬性的屬性值為布林資料型態。
語法結構	document. 表單名稱參照 . 表單子元件名稱參照 或 elements[索引值].checked document.forms[索引值]. 表單子元件名稱參照 或 elements[索引值].checked document. forms[表單索引值][表單中子元件索引值]. elements[索引值].checked 索引值由 0 起始
示範	myValue=document.forms[0]. myRadio[0]. checked 取得網頁文件中第 1 個表單中「myRadio」 子元件的第 1 個選項狀態存入變數「myValue」 。 myValue=document.myForm.myRadio[1]. checked 取得網頁文件中名稱參照「 myForm」 的表單中「 myRadio」 子元件的第 2 個選項狀態存入變數「myValue」 。

學習範例 　**判別元件項目的選取狀態**

利用 「for」 迴圈敘述逐一判別 「myRadio」 單選鈕項目的選取狀況，將被選取項目的索引參照與資料值顯示於交談窗。

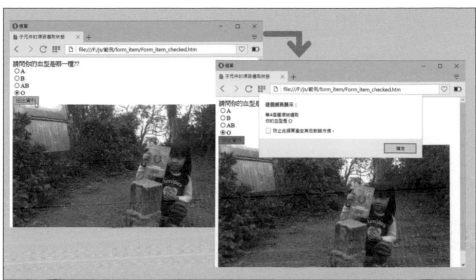

範例原始碼　Form_item_checked.htm

```
<!doctype html>
<html>
<head>
<meta charset="utf-8">
<title> 子元件的項目選取狀態 </title>
<script type="text/javascript">
function radioValue(){
for (x=0; x<document.myForm["myRadio"].length; x++){
 if(document.myForm.myRadio[x].checked){
  valueMsg = " 第 " + (x+1) + " 個選項被選取 \n" + " 你的血型是 " +
  document.myForm.myRadio[x].value
  alert(valueMsg)
 }
}
}
</script>
</head><body>
<form name="myForm">
請問你的血型是哪一種 ??<br />
<input type="radio" name="myRadio" value="A" />A<br />
<input type="radio" name="myRadio" value="B" />B<br />
<input type="radio" name="myRadio" value="AB" />AB<br />
<input type="radio" name="myRadio" value="O" />O<br />
<input type="button" value=" 送出資料 " onClick="radioValue()" />
</form>
<img name="pic" src="img/s08.jpg" />
</body></html>
```

Edge 4x | IE 12.x | Chrome 5x | Opera 4x | FireFox 5x

document.form. 元素 物件

語法	**defaultChecked**
使用目的	取得 / 設定表單中子元件的預設選項狀態
說明	■ defaultChecked 屬性值為表單中的子元件預設選取狀態，作用對象為表單子元件「radio」單選鈕或「checkbox」多選鈕。 ■ defaultChecked 屬性的屬性值為布林資料型態。
語法結構	document. 表單名稱參照 . 表單子元件名稱參照 或 elements[索引值].defaultChecked document. forms[索引值]. 表單子元件名稱參照 或 elements[索引值].defaultChecked document. forms[表單索引值][表單中子元件索引值]. defaultChecked 索引值由 0 起始
示範	myValue=document.forms[0].elements["myCheck "]. defaultChecked 取得網頁文件中第 1 個表單中「myCheck」子元件的預設選取狀態存入變數「myValue」。 myValue=document .myForm.myCheck. defaultChecked 取得網頁文件中名稱參照「myForm」的表單中「myCheck」子元件的預設選取狀態存入變數「myValue」。 document.forms[0] [2]. defaultChecked = true 將網頁文件中第 1 個表單中第 3 個子元件的預設選取狀態指定為「true」已選取。

學習範例　　還原元件項的選取狀態

範例原始碼　**Form_item_deafaultchecked.htm**

```html
<html><head><!doctype html>
<html>
<head>
<meta charset="utf-8">
<title> 恢復項目選取狀態 </title>
<script type="text/javascript">
iniCheck= new Array()

function testCheck(){
for (x=0; x<document.myForm.myCheck.length ; x++){
iniCheck[x]=document.myForm.myCheck[x].defaultChecked
}
}

function reCheck(){
for (x=0; x<document.myForm.myCheck.length ; x++){
document.myForm.myCheck[x].checked=iniCheck[x]
}
}
function allCheck(){
for (x=0; x<document.myForm.myCheck.length; x++){
document.myForm.myCheck[x].checked=true
}
}

function noCheck(){
for (x=0; x<document.myForm.myCheck.length; x++){
document.myForm.myCheck[x].checked=false
}
}
</script>
</head><body onload="testCheck()">
<form name="myForm">
請選擇你喜歡的水果 : <br />
<input type="checkbox" name="myCheck" value=" 香蕉 " /> 香蕉
<input type="checkbox" name="myCheck" value=" 蘋果 " checked /> 蘋果
<input type="checkbox" name="myCheck" value=" 芭樂 " /> 芭樂
<input type="checkbox" name="myCheck" value=" 西瓜 " checked /> 西瓜
<input type="checkbox" name="myCheck" value=" 鳳梨 " /> 鳳梨
<br />
<input type="button" value=" 恢復預設 " onClick="reCheck()" />
<input type="button" value=" 選取全部 " onClick="allCheck()" />
<input type="button" value=" 全部不選 " onClick="noCheck()" />
</form>
<img name="pic" src="img/s09.jpg" />
</body></html>
```

Edge 4x | IE 12.x | Chrome 5x | Opera 4x | FireFox 5x

document.form. 元素物件

語法	**selected**
使用目的	取得 / 設定表單中子元件的項目選項狀態
說明	■ selected 屬性為確認表單中子元件的項目選取狀態，作用對象為表單子元件「select」下拉式選單。 ■ selected 屬性的屬性值為布林資料型態。
語法結構	document. 表單名稱參照 . 表單子元件名稱參照 或 elements[索引值].selected document. forms[索引值]. 表單子元件名稱參照 或 elements[索引值].selected document. forms[表單索引值][表單中子元件索引值]. elements[索引值]. selected 索引值由 0 起始
示範	myValue=document. forms[0] . myMenu[0] . selected 取得網頁文件中第 1 個表單中「myMenu」子元件的第 1 個選項狀態存入變數「myValue」。 myValue=document .myForm.myMenu[1] . selected 取得網頁文件中名稱參照「myForm」的表單中「myMenu」子元件的第 2 個選項狀態存入變數「myValue」。 document.forms[0] . myMenu[3] . selected = true 將網頁文件中第 1 個表單中「myMenu」子元件的第 4 個選項狀態指定為「true」已選取。

學習範例　　判別元件項目的選取狀態

利用「for」迴圈敘述逐一判別「mySelect」下拉式選單的項目選取狀況，依被選取項目的「value」項目資料值前往不同的網址參觀網頁。

範例原始碼　Form_item_selected.htm

```html
<!doctype html>
<html>
<head>
<meta charset="utf-8">
<title> 驗證下拉式選單中項目的選取 </title>
<script type="text/javascript">
function myWeb(){
 for (x=0; x<document.myForm.mySelect.options.length; x++){
  if (document.myForm.mySelect[x].selected){
  location.href=document.myForm.mySelect[x].value
  }
 }
}
</script>
</head><body><center>
<form name="myForm">
家族網站歡迎參觀 :
<select name="mySelect">
<option selected> 請選擇 </option>
<option value="http://valor.twbts.com"> 昱得資訊工作室 </option>
<option value="https://silly-dad-son.blogspot.tw"> 傻花父子的走跳 </option>
<option value="http://forum.twbts.com"> 麻辣家族討論區 </option>
</select>
<input type="button" value=" 參觀 " onClick="myWeb()" />
</form>
<img name="pic" src="img/s10.jpg" />
</body></html>
```

	Edge 4x	IE 12.x	Chrome 5x	Opera 4x	FireFox 5x

document.form. 元素 物件

語法	**selectedIndex**

使用目的	取得表單子元件中被選取的項目索引值

說明	■ selectedIndex 屬性為取得表單子元件中「被選取」項目的索引值，作用對象為表單子元件「select」下拉式選單。 ■ selectedIndex 屬性的屬性值為數值資料型態。

語法結構	document. 表單名稱參照 . 表單子元件名稱參照 或 elements[索引值].selectedIndex document. forms[索引值]. 表單子元件名稱參照 或 elements[索引值].selectedIndex document. forms[表單索引值][表單中子元件索引值]. elements[索引值]. selectedIndex 索引值由 0 起始

示範	myValue=document.forms[0]. myMenu. selectedIndex 取得網頁文件中第 1 個表單中「myMenu」子元件的「被選取」項目索引值存入變數「myValue」。 alert(document.myForm.myMenu. selectedIndex) 取得網頁文件中名稱參照「myForm」的表單中「myMenu」子元件的「被選取」項目索引值並輸出於交談窗中。

學習範例　　讀取元件中被選取項目的索引值

利用「selectIndex」屬性值 （下拉式選單中被選取項目的索引值） 作為記錄圖片位置的 「picArray」陣列元素索引，依「selectIndex」屬性值顯示不同的圖片。

範例原始碼　　Form_item_selectedindex.htm

```
<!doctype html>
<html>
<head>
<meta charset="utf-8">
<title> 取得被選取項目的索引值 </title>
<script type="text/javascript">
picArray=new Array("img/ss09.jpg","img/s11.jpg","img/s12.jpg","img/s13.jpg","img/s14.jpg")
function chgPic(){
  document.pic.src=picArray[document.myForm.mySelect.selectedIndex]
}
</script>
</head>
<body><center>
<form name="myForm">
景點導覽：<select name="mySelect" onChange="chgPic()">
<option selected> 請選擇 </option>
<option> 頂 山 </option>
<option> 竹篙山 </option>
<option> 面天山 </option>
</select>
</form>
<img name="pic" src="img/ss09.jpg" />
</body></html>
```

Edge 4x IE 12.x Chrome 5x Opera 4x FireFox 5x

document.form. 元素 物件

語法	**defaultSelected**
使用目的	取得 / 設定表單子元件中備選項目的預設選取狀態
說明	■ defaultSselected 屬性為取得表單子元件中備選項目的預設選取狀態,作用對象為表單子元件 「select」 下拉式選單。 ■ defaultSselected 屬性的屬性值為布林資料型態。
語法結構	document. 表單名稱參照 . 表單子元件名稱參照 .options[索引值].defaultSelected document. 表單名稱參照 .elements[索引值].options[索引值].defaultSelected document. forms[索引值]. 表單子元件名稱參照 .options[索引值].defaultSelected document. forms[索引值].elements[索引值].options[索引值].defaultSelected document. forms[表單索引值][表單中子元件索引值]. options[索引值]. defaultSelected 索引值由 0 起始
示範	myValue=document. forms[0]. myMenu.options[0] . defaultSelected 取得網頁文件中第 1 個表單中「 myMenu 」 子元件的第 1 個項目預設選取狀態存入變數 「myValue」。 alert (document.myForm.myMenu.options[1]. defaul tSelected) 取得網頁文件中名稱參照「 myForm 」 的表單中「 myMenu 」 子元件的第 2 個項目預設 狀態並輸出於交談窗中。

學習範例　　判別下拉式選單中備選項目的預設選取狀態

在網頁載入時呼叫 「checkItem」 函數,利用 「for」 迴圈敘述逐一判別 「mySelect」 下拉式選單項目的預設選取狀況,並將判別結果輸出到交談窗。

範例原始碼　Form item_defauleselected.htm

```
<!doctype html>
<html>
<head>
<meta charset="utf-8">
<title> 判別下拉式選單中備選項目的預設選取狀態 </title>
<script type="text/javascript">
function checkItem(){
valueMsg=""
 for (x=0; x<document.forms[0].mySelect.options.length; x++){
 valueMsg += " 第 " + (x+1) + " 個備選項目的預設選取狀態 : " +
 document.forms[0].mySelect.options[x].defaultSelected + "\n"
 }
 alert(valueMsg)
}
</script>
</head><body onload="checkItem()"><center>
<form name="myForm">
景點導覽 : <select name="mySelect">
<option> 請選擇 </option>
<option> 頂 山 </option>
<option selected> 竹篙山 </option>
<option> 面天山 </option>
</select>
</form>
<img name="pic" src="img/s14.jpg" />
</body></html>
```

Edge 4x IE 12.x Chrome 5x Opera 4x FireFox 5x

document.form. 元素 物件

語法	**click( )**
使用目的	引用表單子元件的敲擊事件
說明	■ click 方法可引用表單子元件的敲擊事件，應用時多是引用按鈕元件的敲擊事件。
語法結構	document. 表單名稱參照 . 表單子元件名稱參照 或 elements[索引值].click() document. forms[索引值]. 表單子元件名稱參照 或 elements[索引值].click() document. forms[表單索引值][表單中子元件索引值]. click() 索引值由 0 起始
示範	document.forms[0][2]. click() 引用網頁文件中第 1 個表單中第 3 個子元件的敲擊事件。 document.myForm.myButton. click() 引用網頁文件中名稱參照「myForm」的表單中「myButton」子元件的敲擊事件。

學習範例 瀏覽頁面跳轉時自動執行送信

使用者填寫資料後，按下「送出信件」按鈕出現信件寄送確認交談窗，按下交談窗中的「確定」按鈕可將表單內容以信件方式寄出。為預防使用者未寄出信件時就跳轉瀏覽頁面，因此在網頁的「onUnload」事件中應用「送出信件」按鈕的 click 方法，引用按鈕的敲擊事件來呼叫「sendMail」函數。

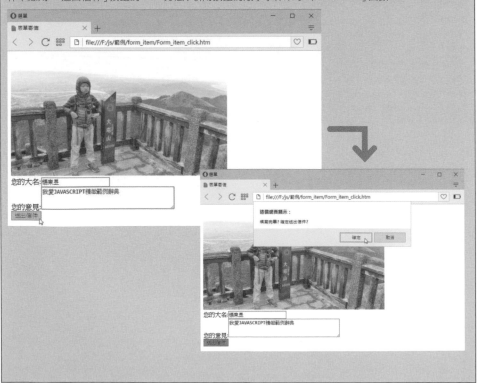

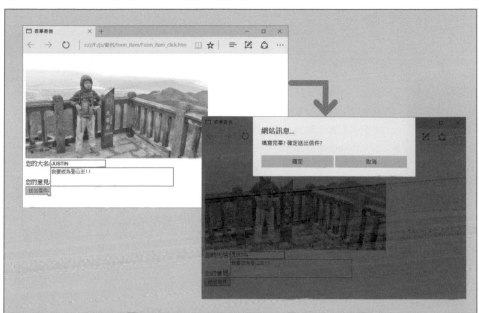

範例原始碼　Form_item_click.htm

```
<!doctype html>
<html>
<head>
<meta charset="utf-8">
<title> 表單寄信 </title>
<script type="text/javascript">
function sendMail(){
ans=confirm(" 填寫完畢 ? 確定送出信件 ?")
if (ans){
document.forms[0].submit()
alert(" 信件已寄出！感謝你的意見 !!")
}else{
alert(" 已取消寄出信件 !!")
}
}
</script>
</head><body onUnload="document.myForm.myButton.click()">
<img src="img/s15.jpg">
<form name="myForm" action="mailto:test@abc.com">
您的大名 :<input type="text" name="user" /><br />
您的意見 :<textarea rows="3" name="message" cols="40">
</textarea><br />
<input type="button" name="myButton" value=" 送出信件 " onclick="sendMail()" />
</form>
</body></html>
```

Edge 4x | IE 12.x | Chrome 5x | Opera 4x | FireFox 5x

document.form. 元素 物件	
語法	**focus(), blur()**
使用目的	**取得 / 模糊表單子元件的操作焦點**
說明	■ focus 方法作用於表單子元件可讓該子元件取得操作焦點，例如使用 focus 方法讓文字輸入欄位取得操作焦點，則文字輸入欄位會出現文字插入點，此時任何的資料輸入都會出現在文字輸入欄位中。 ■ blur 方法作用於表單子元件可讓該子元件模糊（失去）操作焦點。
語法結構	document. 表單名稱參照 . 表單子元件名稱參照 或 elements[索引值].focus() document. forms[索引值]. 表單子元件名稱參照 或 elements[索引值].focus() document. forms[表單索引值][表單中子元件索引值].focus() document. 表單名稱參照 . 表單子元件名稱參照 或 elements[索引值].blur() document. forms[索引值]. 表單子元件名稱參照 或 elements[索引值].blur() document. forms[表單索引值][表單中子元件索引值].blur() 索引值由 0 起始
示範	document.forms[0][2].focus() 設定網頁文件中第 1 個表單中第 3 個子元件取得操作焦點。 document .myForm.myButton.focus() 設定網頁文件中名稱參照「 myForm 」的表單中「 myButton 」子元件取得操作焦點。 document.myForm.myText.blur () 設定網頁文件中名稱參照「 myForm 」的表單中「 myText 」子元件模糊（失去）操作焦點。

學習範例　　依選擇的不同轉移表單元件的操作焦點

當使用者點選 「喜歡」 單選鈕或 「不喜歡」 時皆會呼叫 「testFocus」 函數進行文字輸入欄位的操作焦點設定，點選 「喜歡」 單選鈕時傳遞參數 「0」 讓 「請說明喜歡的理由」 文字輸入欄位取得操作焦點 ；點選 「不喜歡」 單選鈕時傳遞參數 「1」 讓 「請說明不喜歡的理由」 文字輸入欄位取得操作焦點。

範例原始碼　Form_item_focus.htm

```
<!doctype html>
<html>
<head>
<meta charset="utf-8">
<title> 轉換操作焦點 </title>
<script type="text/javascript">
function testFocus(num){
document.myForm.reason[num].focus()
}
</script>
</head><body>
<img src="img/s16.jpg" />
<form name="myForm">
您喜歡上面這張圖片嗎 ?:
<input type="radio" name="myRadio" onclick="testFocus(0)" /> 喜歡 ;
<input type="radio" name="myRadio"onclick="testFocus(1)" /> 不喜歡
<br /> 請說明喜歡的理由 :<input type="text" name="reason" />
<br /> 請說明不喜歡的理由 :<input type="text" name="reason" />
</form>
</body></html>
```

Edge 4x | IE 12.x | Chrome 5x | Opera 4x | FireFox 5x

document.form. 元素 物件

語法	select()
使用目的	反白標示表單子元件內的文字
說明	■ select 方法可將表單子元件內的文字反白標示起來，主要應用於「text」文字輸入欄位與「textarea」多行文字輸入欄位。 ■ 當表單子元件內的文字反白標示起來後，使用者可直接輸入新資料取代既有資料，不必刪除舊資料。
語法結構	document. 表單名稱參照 . 表單子元件名稱參照 或 elements[索引值].select() document. forms[索引值]. 表單子元件名稱參照 或 elements[索引值].select() document. forms[表單索引值][表單中子元件索引值].select() 索引值由 0 起始
示範	document.forms[0][2].select() 將網頁文件中第 1 個表單的第 3 個子元件中的文字反白標示。 document.myForm.myText. select () 將網頁文件中名稱參照「myForm」的表單中「myText」子元件的文字反白標示。

學習範例　判別文字輸入欄位中的資料並反白標示預設文字

請使用者於文字欄位中輸入資料，按下「送出資料」按鈕後呼叫「testSelect」函數判別文字欄位中是否已輸入資料，若有欄位無資料輸入則將該欄位設定為操作焦點並於欄位中指定提示資料「必填欄位 !!」，最後使用 select 方法將提示資料「必填欄位 !!」反白標示，讓使用者可直接輸入新資料取代既有資料。

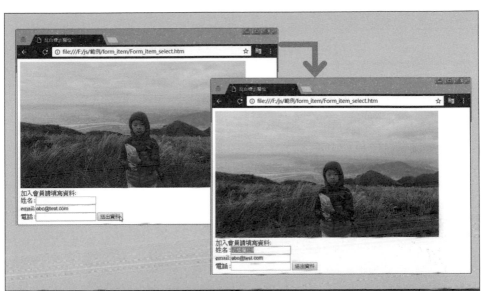

範例原始碼　　Form_item_select.htm

```html
<!doctype html>
<html>
<head>
<meta charset="utf-8">
<title> 反白標示欄位 </title>
<script type="text/javascript">
function testSelect(){
 for (x=0; x<document.forms[0].length; x++){
  if (document.forms[0][x].value == ""){
   document.forms[0][x].focus()
   document.forms[0][x].value=" 必填欄位 !!"
   document.forms[0][x].select()
   return false
   }
 }
}
</script>
</head><body>
<img src="img/s17.jpg" />
<form name="myForm">
加入會員請填寫資料 :
<br /> 姓名 :<input type="text" name="userName" />
<br />email:<input type="text" name="userEmail" />
<br /> 電話 :<input type="text" name="UserPhone" />
<input type="button" value=" 送出資料 " onclick="testSelect()" />
</form>
</body></html>
```

學習範例　提取並反白標示欄位中的資料

請使用者於文字欄位 （會員姓名） 中輸入資料，按下 「加入」 按鈕後呼叫 「addMember」 函數判別文字欄位中是否已輸入資料，若欄位有資料輸入則將該欄位的資料 （value） 加入多行文字欄位 「memberList」 中，並使用 select 方法將以輸入在文字欄位中的資料加以反白標示，讓使用者可直接輸入新資料取代既有資料。

範例原始碼　Form_item_select_a.htm

```html
<!doctype html>
<html>
<head>
<meta charset="utf-8">
<title> 反白標示欄位 </title>
<script type="text/javascript">
function addMember(){
 if(document.myForm.userName.value != "")
 {
  document.myForm.memberList.value += document.myForm.userName.value + "\n"
  document.myForm.userName.select()
 }
}
</script>
</head><body>
<form name="myForm">
會員姓名 :<input type="text" name="userName" />
<input type="button" value=" 加入 " onclick="addMember()" /><br />
現有會員 :<textarea rows="5" name="memberList" cols="30"></textarea>
</form>
<br /><img src="img/s18.jpg" />
</body></html>
```

document.元素 物件	
語法	**innerHTML, outerHTML**
使用目的	**存取元素 (element) 的內容**
說明	■ 使用document物件的write方法, 將資料同時加到網頁文件中, 一旦網頁文件被瀏覽器解析完成後, 即無法再使用document物件的write方法加入資料至網頁文件, 或是修改網頁文件內容! ■ 若在瀏覽器解析網頁文件後完成後, 若要取得或修改網頁文件的特定內容, 則可利用document物件及其子元素物件的innerHTML、outerHTML屬性。 ■ innerHTML屬性可取得或修正網頁標籤本身及網頁標籤所包括的內容。 ■ outerHTML屬性可取得或修正網頁標籤所包括的內容但不包含網頁標籤本身。
語法結構	元素物件.innerHTML 元素物件.outerHTML
示範	document.getElementById('myWeb').innerHTML="傻花父子的走跳" 將網頁中id為「myWeb」的網頁標籤(元素物件)所包括的內容變更為「傻花父子的走跳」。 document.getElementById('myWeb').outerHTML="\<P\>傻花父子的走跳\</P\>" 將網頁中id為「myWeb」的網頁標籤(元素物件)本身與所包括的內容變更為「\<P\>傻花父子的走跳\</P\>」。

學習範例　圖片換文字

| 範例原始碼 | Element_innerhtml.htm |

```
<!doctype html>
<html>
<head>
<meta charset="utf-8">
<title>圖片換文字</title>
<script type="text/javascript">
function picChg(){
document.getElementById("chgArea").innerHTML="小百岳 NO40 聚興山"
}
function txtChg(){
document.getElementById("chgArea").innerHTML='<img src="img/HDR.jpg" />'
}
</script>
</head>
<body>
<center>
<div id="chgArea">
<img src="img/HDR.jpg" />
</div>
<input type="button" onclick="picChg()" value="圖片變文字" />
<input type="button" onclick="txtChg()" value="文字變圖片" />
</body>
</html>
```

Edge 4x	IE 12.x	Chrome 5x	Opera 4x	FireFox 5x

document.元素 物件

語法　getAttribute()

使用目的	取得元素 (element) 的屬性值
說明	■ getAttribute方法可取得元素物件的特定屬性的屬性值。 ■ 在應用getAttribute方法時必須傳遞要進行查詢的元素物件屬性(attribute)作為參數。 ■ 若傳遞進行查詢的元素物件屬性(attribute) 元素物件並未使用(網頁標籤物件內未指定屬性值), 則getAttribute方法會傳回「null」。
語法結構	元素物件.getAttribute(屬性名稱) document.元素物件.getAttrIbute(屬性名稱)
示範	alert(document.getElementById('myWeb').getAttribute("alt")) 在訊息視窗輸出網頁中id為「myWeb」的網頁標籤「alt」屬性值。 myHeight=document.getElementById('myPic'). getAttribute("height") 將網頁中Id為「myPic」的網頁標籤「height」屬性值存入變數「myHeight」。

學習範例　取得圖片設置屬性

範例原始碼　Element_ getattribute.htm

```html
<!doctype html>
<html>
<head>
<meta charset=" utf-8" >
<title>取得圖片設置屬性</title>
</head>
<body>
<center>
<div id=" pic" >
<img id=" myPic"  src=" img/P218.jpg"  width=" 600"  height=" 337"  border=" 10"  />
</div>
<script type=" text/javascript" >
document.write( "圖片來源：" )
document.write(document.getElementById( "myPic" ).getAttribute( "src" ))
document.write( "<br />" )
document.write( "圖片邊框：" )
document.write(document.getElementById( "myPic" ).getAttribute( "border" ))
document.write( "<br />" )
document.write( "圖片寬度：" )
document.write(document.getElementById( "myPic" ).getAttribute( "width" ))
document.write( "<br />" )
document.write( "圖片高度：" )
document.write(document.getElementById( "myPic" ).getAttribute( "height" ))
document.write( "<br />" )
document.write( "替代文字：" )
document.write(document.getElementById( "myPic" ).getAttribute( "alt" ))
</script>
</body>
</html>
```

Edge 4x

IE 12.x

Chrome 5x

Opera 4x

FireFox 5x

innerHTML, outerHTML

document.元素 物件

語法	setAttribute()
使用目的	設定元素 (element) 的屬性值
說明	■ setAttribute方法可設定元素物件的特定屬性的屬性值。 ■ 在應用setAttribute方法時必須傳遞要進行設定的元素物件屬性(attribute)與屬性值作為參數。 ■ 若傳遞進行查詢的元素物件屬性(attribute) 元素物件並未使用(網頁標籤物件內未指定屬性值), 則getAttribute方法會傳回「null」。
語法結構	元素物件setAttribute(屬性名稱, 屬性值) document.元素物件.setAttribute(屬性名稱, 屬性值)
示範	document.getElementById('myWeb').setAttribute("alt", "替代文字") 將網頁中id為「myWeb」的網頁標籤「alt」屬性值設定為「替代文字」。 document.getElementById('myPic'). setAttribute("height", 200) 將網頁中id為「myPic」的網頁標籤「height」屬性值設定為「200」。

學習範例　設定圖片屬性

範例原始碼　　Element_ setattribute.htm

```
<!doctype html>
<html>
<head>
<meta charset=" utf-8" >
<title>設定圖片屬性</title>
<script type=" text/javascript" >
function chgAtt1(){
if(document.getElementById( "myPic" ).getAttribute( "border" )==10){
        document.getElementById("myPic").setAttribute("border", 5)
}else{
        document.getElementById("myPic").setAttribute("border", 10)
}
document.getElementById( "src" ).innerHTML="圖片來源：" + document.getElementById( "myPic" ).
getAttribute( "src" )
}

function chgAtt2(){
if(document.getElementById( "myPic" ).getAttribute( "src" )==" img/p129.jpg" ){
        document.getElementById("myPic").setAttribute("src", "img/p130.jpg")
}else{
        document.getElementById("myPic").setAttribute("src", "img/p129.jpg")
}
document.getElementById( "border" ).innerHTML="圖片邊框：" + document.
getElementById( "myPic" ).getAttribute( "border" )
}
</script>
</head>
<body>
<center>
<div id=" pic" >
<img id=" myPic" src=" img/p129.jpg" width=" 600" height=" 337" border=" 10" />
</div>
<script type=" text/javascript" >
document.write( "<div id=' src' >圖片來源：" )
document.write(document.getElementById( "myPic" ).getAttribute( "src" ))
document.write( "</div>" )
document.write( "<div id=' border' >圖片邊框：" )
document.write(document.getElementById( "myPic" ).getAttribute( "border" ))
document.write( "</div>" )
</script>
<input type=" button" onClick=" chgAtt1()" value=" 改變邊框" />
<input type=" button" onClick=" chgAtt2()" value=" 變更圖片" />
</body>
</html>
```

Edge 4x	IE 12.x	Chrome 5x	Opera 4x	FireFox 5x

document.元素 物件

語法	**style**
使用目的	**取得或動態修改元素物件的CSS樣式**
說明	■ style屬性用於取得或設定元素物件的特定CSS樣式屬性。 ■ 用於設置CSS屬性的JavaScript語法與串接樣式表中的寫法有不同，請特別注意，例如CSS語法中的「border-bottom」屬性，在JavaScript中則應變更為「borderBottom」。
語法結構	element.style.property 元素物件.style.樣式屬性 element.style.property = value 元素物件.style.樣式屬性 = 樣式屬性值
示範	document.getElementById('myWeb').style.backgroundColor = "red" 將網頁中Id為「myWeb」的網頁標籤背景顏色屬性「backgroundColor」設定為「紅色」。 alert(document.getElementById("myH1").style.color) 在訊息視窗輸出網頁中id為「myH1」的CSS顏色樣式屬性值。

學習範例　　背景色切換

範例原始碼　　Element_style.htm

```
<!doctype html>
<html>
<head>
<meta charset=" utf-8" >
<title>背景色切換</title>
<script type=" text/javascript" >
function chg1(){
document.getElementById( "chgarea" ).style.backgroundColor=" #FF0000"
}


function chg2(){
document.getElementById( "chgarea" ).style.backgroundColor=" #0000FF"
}

function chg3(){
document.getElementById( "chgarea" ).style.backgroundColor=" #00FF00"
}
</script>
</head>
<body>
<center>
<div id=" chgarea" width=" 800" height=" 350" >
<img id=" myPic" src=" img/p131.jpg" width=" 600" height=" 337" border=" 10" />
</div>

<input type=" button" onClick=" chg1()" value=" 紅" />
<input type=" button" onClick=" chg2()" value=" 藍" />
<input type=" button" onClick=" chg3()" value=" 綠" />
</body>
</html>
```

document.元素 物件

語法	**getElementsByTagName()**
使用目的	**取得元素 (element) 的子集合物件**
說明	■ 利用getElementsByTagName方法可取得指定標籤名稱的元素子集合物件。 ■ 呼叫getElementsByTagName方法時必須給予一個網頁標籤名稱為參數，例如圖片網頁標籤「IMG」。 ■ 如果傳遞給getElementsByTagName方法的參數值為「*(星號)」，則將會獲得元素物件中全部的子元素集合物件。
語法結構	element.getElementsByTagName(tagname) 元素物件. getElementsByTagName(網頁標籤物件)
示範	x = document.getElementById（"myDIV"）.getElementsByTagName（"P"）.length 取回「myDIV」元素物件中全部的「P」網頁標籤物件總數量放入變數x中。 document.getElementById（"myDIV"）.getElementsByTagName（"P"）[1].style.backgroundColor = "red" 指定「myDIV」元素物件中第2個「P」網頁標籤物件的背景顏色為紅色。

學習範例	邊框顏色變換

範例原始碼	Element_getelementsbytagname.htm

```
<!doctype html>
<html>
<head>
<meta charset=" utf-8" >
<title>邊框顏色變換</title>
<script type=" text/javascript" >
function chg1(){
var myDiv = document.getElementById( "chgarea" )
var myPic = myDiv.getElementsByTagName("IMG")
for (i = 0; i < myPic.length; i++) {
  myPic[i].style.borderColor = "#FF0000"
  }
}
function chg2(){
var myDiv = document.getElementById( "chgarea" )
var myPic = myDiv.getElementsByTagName("IMG")
for (i = 0; i < myPic.length; i++) {
  myPic[i].style.borderColor = "#0000FF"
  }
}
function chg3(){
var myDiv = document.getElementById( "chgarea" )
var myPic = myDiv.getElementsByTagName("IMG")
for (i = 0; i < myPic.length; i++) {
  myPic[i].style.borderColor = "#00FF00"
  }
}
</script>
</head>
<body>
<center>
<div id=" chgarea" >
<img src=" img/g1.jpg" border=" 10" />
<img src=" img/g2.jpg" border=" 10" />
<br />
<img src=" img/g3.jpg" border=" 10" />
<img src=" img/g4.jpg" border=" 10" />
</div>

<input type=" button" onClick=" chg1()" value=" 紅框" />
<input type=" button" onClick=" chg2()" value=" 藍框" />
<input type=" button" onClick=" chg3()" value=" 綠框" />
</body>
</html>
```

PART

4

事件處理器

Edge 4x　IE 12.x　Chrome 5x　Opera 4x　FireFox 5x

event handler	
語法	**onAbort**
使用目的	**當圖片在下載過程中被中斷而發生錯誤**
說明	■ onAbort 事件被引發的時機為網頁文件中圖片的下載過程被中斷，或是瀏覽的頁面突然被跳轉而圖片尚未完成下載時。 ■ onAbort 事件對象為 Image 物件（HTML 標籤「img」）。
語法結構	\<HTML 標籤 onAbort="處理機制"> 物件.onabort="處理機制"
示範	document. images[1].onabort=testPic() 當網頁文件中第 2 個圖片物件的下載發生中斷錯誤時呼叫「testPic」函數。 \<img src="test.gif" onAbort="testPic()" name="myPic"> 當名稱參照「myPic」的圖片物件在下載時發生中斷錯誤就呼叫「testPic」函數。

學習範例　　圖片載入中斷時出現提示

網頁文件載入時若名稱參照「myPic」的圖片物件未完整下載（onAbort）則出現「網頁文件中的圖片下載發生錯誤!!」交談窗，並將未完整下載的圖片以另一張圖片替代。

範例原始碼 Event_onabort.htm

```
<!doctype html>
<html>
<head>
<meta charset="utf-8">
<title>onAbort 事件</title>
<script type="text/javascript">
function picError(){
alert("網頁文件中的圖片下載發生錯誤!!")
document.myPic.src="img/error.gif"
}
</script>
</head>
<body>
<center>
<img src="img/DSC_0905.jpg" name="myPic" onabort="picError()" />
</body>
</html>
```

Edge 4x | IE 12.x | Chrome 5x | Opera 4x | FireFox 5x

event handler

語法	onLoad, onUnload
使用目的	網頁文件下載完成時/瀏覽頁面跳轉時引發的事件
說明	■ onLoad 事件被引發的時機為網頁文件下載完成時，也就是整個網頁內容完全被載入瀏覽器，包含其中的圖片、影像等。onLoad 事件亦可應用於 Image 物件。 ■ onLoad 事件應用對象主要為網頁文件（window）與 Image 物件（HTML 標籤「body」、「img」）。 ■ onUnload 事件被引發的時機為跳轉網頁文件時，也就是結束網頁文件的瀏覽時，應用對象為網頁文件（window）。
語法結構	<HTML 標籤 onLoad="處理機制"> 物件.onload=" 處理機制" <HTML 標籤 onUnload="處理機制"> 物件.onunload=" 處理機制"
示範	document.images[1] .onload=testPic() 當網頁文件中第 2 個圖片物件的下載完成時呼叫「 testPic 」函數。 <body onLoad="myFun()"> 當網頁文件下載完成時就呼叫「myFun」函數。 <body onUnload="alert('謝謝光臨!!')"> 當網頁跳轉時出現「謝謝光臨!!」的交談窗。

學習範例　　圖片載入與網頁離開提示

網頁文件載入後，若名稱參照「myPic」的圖片物件下載完成 (onLoad)，則出現「網頁文件中的圖片下載完成」交談窗；當網頁跳轉時 (onUnload)，則出現「謝謝光臨!下次見!」交談窗。

圖片載入與網頁離開提示 離開此頁面

範例原始碼　Event_onunload.htm

```
<!doctype html>
<html>
<head>
<meta charset="utf-8">
<title>onUnload 事件</title>
<script type="text/javascript">
function picTest(){
alert("網頁文件中的圖片下載完成!!")
}
</script>
</head>
<body onUnload="alert('歡迎光臨，下次見!!')"><center>
<img src="img/IMG_60557004925802.jpeg" name="myPic" onLoad="picTest()" />
圖片載入與網頁離開提示
<a href="http://twbts.com">離開此頁面</a>
</body>
</html>
```

學習範例　　網頁載入時進行視窗特效

網頁文件載入完成後（onLoad）呼叫「moveWindow」函數, 視窗大小變成 430 × 350 然後由螢幕的左側緩慢的移動到右側, 最後視窗變成最大化。

範例原始碼　　Event_onload.htm

```html
<!doctype html>
<html>
<head><meta charset="utf-8">
<title>onUnload 事件</title>
<script type="text/javascript">
function moveWindow() {
window.resizeTo(430,350)
window.moveTo(0,30)
self.moveBy (-0,0);
for(i=0; i < 600; i++){
self.moveBy(1,0);
}
window.moveTo(0,0)
window.resizeTo(screen.width,screen.height)
}
</script>
</head>
<body onLoad="moveWindow()"><center>
<img src="img/sf002.jpg" name="myPic" />
</body>
</html>
```

學習範例　　網頁載入時開啟新全螢幕視窗

網頁文件載入完成後（onLoad）呼叫「openWindow」函數, 開啟 1 個新的全螢幕視窗。

範例原始碼　　Event_onloadfull.htm

```
<!doctype html>
<html>
<head>
<meta charset="utf-8">
<title>onUnload 事件</title>
<script type="text/javascript">
x = screen.availWidth
y = screen.availHeight

function openWindow() {
subWin=window.open("onload.htm","makeful","fullscreen=yes,toolbar=no,scrollbars=auto,resizable=no,stat
us=no,copyhistory=no,menubar=no,width="+x+",height="+y)
}
</script>
</head>
<body onLoad="openWindow()">
<center>
<img src="img/sf004.jpg" name="myPic" />
</body>
</html>
```

Edge 4x IE 12.x Chrome 5x Opera 4x FireFox 5x

event handler

語法	**onError**
使用目的	當網頁文件內容在下載過程中發生錯誤
說明	■ onError 事件被引發的時機為網頁文件內容下載的過程發生錯誤時, 或是瀏覽的網頁文件內容未完成下載突然被跳轉時；當圖片找不到資料來源而無法使用時也可引用 onError 事件。 ■ onErroe 事件應用對象主要為網頁文件（window）與 Image 物件（HTML 標籤「body」、「img」）。
語法結構	\<HTML 標籤 onErroe="處理機制"\> 物件.onerror="處理機制"
示範	document. images[1].onerroe=testPic() 當網頁文件中第 2 個圖片物件發生下載錯誤時呼叫「testPic」函數。 \<img src="test.gif" onErroe="testPic()" name="myPic"\> 當名稱參照「myPic」的圖片物件發生下載錯誤時呼叫「testPic」函數。 \<body onErroe="myFunc()"\> 當網頁文件下載時發生錯誤呼叫「myFun」函數。

學習範例　　圖片發生下載錯誤時出現提示

網頁文件載入時若名稱參照「myPic」的圖片物件下載錯誤（onError）則出現「發生錯誤!找不到圖片!」交談窗, 並將無法顯示的圖片以另一張圖片替代。

範例原始碼　　Event_onerror.htm

```
<!doctype html>
<html>
<head>
<meta charset="utf-8">
<title>onError 事件</title>
<script type="text/javascript">
function picError(){
alert("發生錯誤!找不到圖片!")
document.myPic.src="img/onerror.gif"
}
</script>
</head>
<body>
<center>
<img src="img/sfxxx.jpg" name="myPic"
onError="picError()">
</body>
</html>
```

Edge 4x

IE 12.x

Chrome 5x

Opera 4x

FireFox 5x

Part 04 事件處理器

event handler

語法	onResize
使用目的	當瀏覽器視窗大小改變時的處理
說明	■ onResize 事件被引發的時機為瀏覽器視窗或框架頁面的大小改變時。 ■ onResize 事件應用對象主要為網頁文件（window）與 Frame 物件。
語法結構	window 物件.onresize=" 處理機制"
示範	window.onresize=winFun() 當瀏覽器視窗大小改變時時呼叫「winFun」函數。 top. frames[2].onresize=winFun() 當最上層視窗中索引值 2 的頁框視窗大小改變時呼叫「winFun」函數。

學習範例　　動態變更圖片大小

當瀏覽器視窗大小改變時（ onResize）呼叫「chgSize」函數動態變更網頁文件中圖片的大小。

範例原始碼　Event_onresize.htm

```
<!doctype html>
<html>
<head>
<meta charset="utf-8">
<title>onResize 事件</title>
<script type="text/javascript">
function chgSize(){
document.myPic.width=window.outerWidth *.8
document.myPic.height=window.outerHeight *.8
}
window.onresize=chgSize
</script></head>
<body><center>
<img src="img/sf005.jpg" name="myPic" />
</body></html>
```

Edge 4x | IE 12.x | Chrome 5x | Opera 4x | FireFox 5x

event handler	
語法	**onFocus, onBlur**
使用目的	當取得/模糊（失去）操作焦點時的處理
說明	■ onFocus 事件引發於物件取得操作焦點時；onBlur 事件引發於物件模糊（失去）操作焦點時。 ■ onFocus、onBlur 事件處理適用的物件 load、Frame、Password、Radio、Reset、Select、Submit、Text、Textarea、window。 ■ onFocus、onBlur 事件處理主要應用於 HTML 標籤內。
語法結構	< HTML 標籤 onFocus="處理機制"> < HTML 標籤 onBlur="處理機制"> 物件.onfocus="處理機制" 物件.onblur="處理機制"
示範	window.onfocus=winFun() 當瀏覽器視窗取得操作焦點時呼叫「winFun」函數。 <Input type="text" name="myText" onFocus="textFun()"> 當名稱參照「myText」的文字輸入欄位取得操作焦點時「textFun」函數。 <input type="button" name="myBtn" value="按鈕" onBlur="btnFun()"> 當名稱參照「myBtn」的按鈕模糊（失去）操作焦點時「btnFun」函數。

學習範例　　依選擇項目決定哪個文字欄位取得操作焦點

當使用者選取「喜歡」單選鈕時，「請說明喜歡的理由」文字輸入欄位取得操作焦點；當「請說明喜歡的理由」文字輸入欄位取得操作焦點時（onFocus），先驗證使用者是否有選取「喜歡」單選鈕，若無則自動模糊（失去）操作焦點。

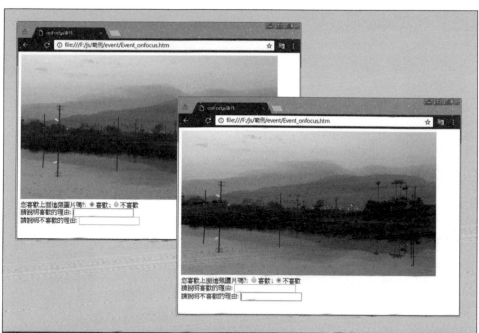

範例原始碼　Event_onfocus.htm

```
<!doctype html>
<html>
<head>
<meta charset="utf-8">
<title>onFocus 事件</title>
</head>
<body>
<img src="img/sf006.jpg" />
<form name="myForm">
您喜歡上面這張圖片嗎?:
<input type="radio" name="myRadio"
onclick="document.myForm.reasona.focus()" />喜歡;
<input type="radio" name="myRadio"
onclick="document.myForm.reasonb.focus()" />不喜歡
<br />請說明喜歡的理由:
<input type="text" name="reasona"
onfocus="if(!document.myForm.myRadio[0].checked) this.blur()" />
<br />請說明不喜歡的理由:
<input type="text" name="reasonb"
onfocus="if(!document.myForm.myRadio[1].checked) this.blur()" />
</form>
</body></html>
```

學習範例　　文字欄位的資料驗證

當使用者在某 1 個文字欄位輸入資料後, 轉移到其他操作對象時, 則該文字欄位因為模糊（失去）操作焦點而呼叫「chkData」函數, 若使用者在文字欄位中輸入的資料不是數字 1-9 或小寫英文字母 a-z, 則出現資料輸入錯誤的交談窗。

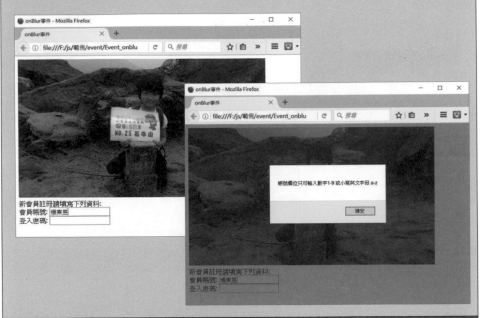

範例原始碼　　Eevent_onblur.htm

```html
<!doctype html>
<html>
<head>
<meta charset="utf-8">
<title>onBlur 事件</title>
<script type="text/javascript">
function chkData(item,userData){
testReg=/[^0-9 | ^a-z]/g
if(userData.match(testReg)){
alert(item + "欄位只可輸入數字 1-9 或小寫英文字
母 a-z")
}
}
</script>
</head>
<body>
<img src="img/IMG_20160404_120430.jpg" />
<form name="myForm">
新會員註冊請填寫下列資料:
<br />會員帳號:
<input type="text" name="ID"
onBlur="chkData('帳號',this.value)" />
<br />登入密碼:
<input type="password" name="psw"
onBlur="chkData('密碼',this.value)" />
</form>
</body>
</html>
```

學習範例　　視窗失去操作焦點後定時自動關閉

當使用者按下「按我開啟新視窗」按鈕時開啟一新視窗，當該新視窗失去操作焦點（onBlur）時引用「setTimeout」方法設定 5 秒鐘後自動執行「window.close()」關閉視窗。

範例原始碼　　Fevent_onblur_a.htm, Eevent_onblur_b.htm

```
<!doctype html>
<html>
<head>
<meta charset="utf-8">
<title>onBlur 事件</title>
<script type="text/javascript">
function openNew(){
myWin= window.open("Event_onblur_b.htm", "subwin","toolbar=0, resizable=1")
}
</script>
</head>
<body>
<input type="button" value="按我開啟新視窗" onclick="openNew()" />
<br /><img src="img/IMG_20160713_091921.jpg" />
</body>
</html>


<!doctype html>
<html>
<head>
<meta charset="utf-8">
<title>廣告視窗</title>
</head>
<body onBlur="myTimer=setTimeout('window.close()',5000)"
onFocus="clearTimeout(myTimer)">
<a href="http://forum.twbts.com">
<img src="img/DSC_0563.jpg" border="0">
</a>
</body>
</html>
```

Edge 4x IE 12.x Chrome 5x Opera 4x FireFox 5x

Part 04

event handler	
語法	**onChange**
使用目的	**當物件屬性值改變時的處理**
說明	■ onChange 事件被引發的時機為表單物件的屬性值改變時，例如變更文字欄位中的資料、變更下拉式選單中的選取項目等。 ■ 在同時取用 onBlur 與 onChange 事件的情況中，onChange 事件擁有較高的優先權，接著才是 onBlur 事件。 ■ onChange 事件處理適用的物件有： FileUpload 、Select 、Text 、Textarea 。
語法結構	< HTML 標籤 onChange="處理機制"> 物件.onchange=" 處理機制"
示範	\<select name="mySelect" onChange="selectFun()"> 當 「mySelect」 下拉式選單中的選取項目改變時呼叫 「selectFun」 函數。 top. frames[2] .myForm.myText.onchange=textFun() 當最上層視窗索引值 2 的頁框視窗中 「myForm」 表單的 「myText」 文字欄位資料改變時呼叫 「textFun」 函數。

學習範例　依選擇項目動態變更圖片

當下拉式選單中的選取項目改變時（onChange）呼叫 「picChg」 函數動態變更網頁文件中的圖片。

範例原始碼　event_onchange_a.htm

```
<!doctype html>
<html>
<head>
<meta charset="utf-8">
<title>onChange 事件</title>
<script type="text/javascript">
function picChg(picName){
document.myPic.src="img/" +picName
}
</script>
</head><body>
```

```
<form mname="form1">可愛的玩偶
<select name="picSelect" onchange="picChg(this.
value)" />
<option value="v1.jpg">哈密瓜維尼</option>
<option value="v2.jpg">橘子維尼</option>
<option value="v3.jpg">兔子維尼</option>
<option value="v0.jpg" selected>維尼合照</option>
</select>
</form>
<img name="myPic" src="img/v0.jpg" />
</body></html>
```

學習範例　　依選擇項目動態跨框架視窗控制

當下拉式選單中的選取項目改變時（onChange）呼叫「setpic」函數呼叫框架主視窗中的「picChg」動態變更框架子視窗「buttomwin」網頁文件的背景顏色與顯示的圖片。

範例原始碼　Event_onchange_b.htm, Event_onchange_c.htm, Event_onchange_d.htm,

Event_onchange_b.htm
```
<!doctype html>
<html>
<head>
<meta charset="utf-8">
<title>框架視窗控制</title>
<script type="text/javascript">
colorArray=new Array("#333399","#336600","#FF3300","#663300")
function picChg(num){
window.top.buttomwin.document.myPic.src=" img/v" +num + ".jpg"
buttomwin.document.body.style.backgroundColor=colorArray[num]
}
```

```
</script>
</head>
<frameset rows="20%,80%">
 <frame name="topwin" src="Event_onchange_c.htm">
 <frame name="buttomwin" src="Event_onchange_d.htm">
</frameset>
</html>


<!doctype html>
<html>
<head>
<meta charset="utf-8">
<title>onChange 事件</title>
<script type="text/javascript">
function setpic(num)
{
   window.parent.picChg(num)
   return
}
</script>
</head><body>
<form mname="form1">可愛的玩偶
<select name="picSelect" onchange="setpic(this.value)">
<option value="1">哈密瓜維尼</option>
<option value="2">橘子維尼</option>
<option value="3">兔子維尼</option>
<option value="0" selected>維尼合照</option>
</select>
</form>
</body></html>


<!doctype html>
<html>
<head>
<meta charset="utf-8">
<title>圖片瀏覽</title>
</head>
<body bgcolor="#333399"><center>
<img name="myPic" src="img/v0.jpg" />
</body></html>
```

Edge 4x | IE 12.x | Chrome 5x | Opera 4x | FireFox 5x

event handler	
語法	**onScroll**
使用目的	當捲動軸位置改變時的處理
說明	■ onScroll 事件被引發的時機為捲動軸位置改變時,也就是移動垂直捲動軸或水平捲動軸瀏覽不同內容時。 ■ onScroll 事件處理適用的物件有:window 、document 、Textarea 。
語法結構	< HTML 標籤 onScroll="處理機制"> 物件.onscroll="處理機制"
示範	<body onScroll="myFun()"> 當網頁文件捲動軸位置(內容瀏覽位置)改變時呼叫「myFun」 函數。 top. frames[2].myForm.myText.onscroll=textFun() 當最上層視窗索引值 2 的頁框視窗中「myForm」 表單的「myText」 多行文字欄位捲動軸位置改變時呼叫「textFun」 函數。

學習範例　　隨捲動軸位置改變而移動的圖片

當視窗的捲動軸位置改變時(onScroll) 呼叫「Renew」 函數動態變更網頁文件中的圖片的位置,讓圖片的位置一直保持在視窗右下角的可視位置。

範例原始碼　　Event_onscroll.htm

```
<html>
<head>
<meta charset="utf-8">
<title>onScroll 事件</title>
<script type="text/javascript">
Xpos =150
Ypos =100
function Renew() {
posX = document.body.clientWidth -Xpos
posY = document.body.clientHeight-Ypos
document.myMap.style.left = document.body.
scrollLeft + posX
document.myMap.style.top = document.body.
scrollTop + posY
}
window.onresize=Renew
</script>
</head>
<body onLoad="Renew()" onScroll="Renew()">
<br /><img src="img/IMG_20160529_173853.jpg"
/>
<img src="img/moveing.gif" name="myMap"
style="position:absolute" />
<p>MOve!!</p>
<p>MOve!!</p>
</body></html>
```

Edge 4x | IE 12.x | Chrome 5x | Opera 4x | FireFox 5x

event handler

語法　　onSelect

使用目的	當文字（字串）被選取時的處理
說明	■ onSelect 事件被引發的時機為文字（字串）被選取時，也就是文字（字串）被反白標示起來時。 ■ onSelect 事件處理適用的物件有：FileUpload、Text、Password、Textarea。
語法結構	< HTML 標籤 onSelect="處理機制"> 物件.onselect=" 處理機制"
示範	<input type="password" name="pswd" onSelect="myFun()"> 當表單的 「pswd」 密碼欄位資料被選取時呼叫 「myFun」 函數。 top. frames[2] .myForm.myText.onselect=textFun() 當最上層視窗索引值 2 的頁框視窗中 「myForm」 表單的 「myText」 文字欄位資料被選取時呼叫 「textFun」 函數。

學習範例　　不允許密碼欄位的資料被複製

當密碼欄位的資料被反白選取時（onSelect） 呼叫「inError」 函數, 出現「 密碼不可使用複製的方式輸入」 的交談窗，並模糊該密碼欄位的操作焦點。

範例原始碼　Event_onselect.htm

```
<!doctype html>
<html>
<head>
<meta charset="utf-8">
<title>onSelect 事件</title>
<script type="text/javascript">
function inError(psw){
alert("密碼不可使用複製的方式輸入！！")
 with(document.myForm){
  if (psw == "psw1") {
   psw1.blur()
   psw2.focus()
   }
  else if(psw == "psw2"){
   psw2.blur()
   psw1.focus()
   }
 }
}
</script>
</head>
<body>
<img src="img/P_20170415_163544.jpg" />
<form name="myForm">
新會員註冊請填寫下列資料:
<br>會員帳號:
<input type="text" name="ID" />
<br />登入密碼:
<input type="password" name="psw1" onSelect="inError(this.name)" />
密碼確認:
<input type="password" name="psw2" onSelect="inError(this.name)" />
</form>
</body></html>
```

Edge 4x | IE 12.x | Chrome 5x | Opera 4x | FireFox 5x

event handler

語法	**onSubmit, onReset**
使用目的	**當送出/重置表單資料時的處理**
說明	■ onSubmit 事件被引發的時機為送出表單資料時, 也就是使用者按下表單中的「Submit」送出按鈕時。 ■ onReset 事件被引發的時機為表單資料重置時, 也就是使用者按下表單中的「Reset」重新設定按鈕時。 ■ onSubmit、onReset 事件處理適用的物件為：form。
語法結構	< HTML 標籤 onSubmit="處理機制"> < HTML 標籤 onReset="處理機制"> 物件.onsubmit="處理機制" 物件.onreset="處理機制"
示範	<form name="myForm" onSubmit="myFun()"> 當表單中的資料將被送出時呼叫「myFun」函數。 <form name="myForm" onReset="myFun()"> 當表單中的資料將重置到初始狀況時呼叫「myFun」函數。 top. frames[0].myForm. onsubmit=myFun() 當最上層視窗索引值 0 的頁框視窗中「myForm」表單的資料將被送出時呼叫「myFun」函數。

學習範例　　表單資料送出確認

按下表單的「送出」按鈕 (onSubmit), 呼叫「sendMail」函數出現確認窗,確認傳送信件後回傳 true 值送出表單資料;取消傳送信件則回傳 false 值中止送出表單資料。

範例原始碼	Event_onsubmit.htm

```html
<!doctype html>
<html>
<head>
<meta charset="utf-8">
<title>onSubmit 事件</title>
<script type="text/javascript">
function sendMail(){
ans=confirm("填寫完畢? 確定送出信件?")
if (ans){
 alert("信件已寄出! 感謝你的意見!!")
 document.form[0].submit()
 return ans
}else{
 alert("已取消寄出信件!!")
 return ans
 }
}
</script>
</head><body>
<img src="img/DSC_0242.jpg" />
<form name="myForm"
onSubmit="return sendMail()"
action="mailto:test@abc.com">
您的大名:<input type="text" name="user" /><br />
您的意見:<textarea rows="3" name="message" cols="40" />
</textarea><br />
<input type="submit" value="送出" />
<input type="reset" value="重新設定" />
</form>
</body></html>
```

Part 04

學習範例　　資料送出前驗證表單資料

按下表單的「送出」按鈕（onSubmit），呼叫「valiDate」驗證表單中的資料，只要有任一欄位未填寫資料（資料長度不足 2 個字元）皆會出現錯誤訊息交談窗，Email 欄位除長度驗證外，還會進行簡單的格式驗證（「@」與「.」）；按下表單的「重新設定」按鈕（onReset），呼叫「clearDate」函數出現「確認清除已填寫的內容」確認交談窗，請使用者確認是否將表單中的資料重置到初始狀況。

範例原始碼　　Event_onsubmit_a.htm

```html
<!doctype html>
<html>
<head>
<meta charset="utf-8">
<title>onSubmit 事件</title>
<script type="text/javascript">
function validLength(item,len){
        return (item.length >= len)
}
```

```
function validEmail(item){
  if (!validLength(item,5)) return false
  if (item.indexOf("@",0) == -1 ) return false
  if (item.indexOf(".",0) == -1) return false
  return true;
}

function error(elem,text){
  if (errfound) return
  window.alert(text)
  elem.focus()
  errfound=true
}

function valiDate(){
  errfound=false;
if (!validLength(document.myForm.name.value,2))
          error(document.myForm.name,"請填入姓名！")
if (!validEmail(document.myForm.email.value))
  error(document.myForm.email,"您的 EMail 帳號錯誤！")
if (!validLength(document.myForm.memo.value,2))
          error(document.myForm.memo,"請填入內容！")
  return !errfound;
}
function clearDate(){
ans=confirm("確認清除已填寫的內容?")
if (ans){
alert("表單內容已恢復到初始狀態!!")
}
return ans
}
</script></head><body>
<img src="img/DSC_0731.jpg" />
<form name="myForm"
onSubmit="return valiDate()"
onReset="return clearDate()"
action="mailto:test@abc.com">
您的大名:<input type="text" name="name" /><br />
您的 Mail:<input type="text" name="email" /><br />
您的意見:<textarea rows="3" name="memo" cols="40">
</textarea><br />
<input type="submit" value="送出" />
<input type="reset" value="重新設定" />
</form></body></html>
```

Edge 4x IE 12.x Chrome 5x Opera 4x FireFox 5x

event handler	
語法	**onClick, onDbClick**
使用目的	在物件上單按/雙按滑鼠按鍵時的處理
說明	■ onClick 事件被引發的時機為在物件上單按滑鼠按鍵時, onDbClick 事件被引發的時機為在物件上雙按滑鼠按鍵時。 ■ 關於雙按滑鼠按鍵所引發的事件依序為 onMouseDown 、onMouseUp 、onClick、onDblClick、onMouseUp。 ■ onClick、onDbClick 事件處理適用的物件為：Checkbox、Links、Radio、Button、document、Image、Text、Textarea、Password 、Reset 以及 Submit。
語法結構	< HTML 標籤 onClick="處理機制"> < HTML 標籤 onDblClick="處理機制"> 物件.onclick="處理機制" 物件.ondblclick="處理機制"
示範	`<input type="button" name="myBtn" onClick="btnFun()">` 當表單中的「myBtn」按鈕被單按時呼叫「btnFun」函數。 document.myBtn.ondblclick=myFun 當網頁文件中的「myBtn」按鈕被雙按時呼叫「myFun」函數。 document.myPic .onclick=myFun 當網頁文件中的「myPic」Image 物件被單按時呼叫「myFun」函數。 top. frames[0].myPic. ondblclick=myFun() 當最上層視窗索引值 0 的頁框視窗中「myPic」Image 物件被雙按時呼叫「myFun」函數。

學習範例　　小圖變大圖、大圖變小圖

單按（onClock）網頁文件中的小圖片, 呼叫「aPic」函數將小圖置換成大圖；雙按（onDblClock）網頁文件中的大圖片, 呼叫「bPic」函數將大圖置換成小圖。

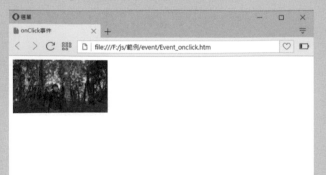

範例原始碼	Event_onclick.htm

```
<!doctype html>
<html>
<head>
<meta charset="utf-8">
<title>onClick 事件</title>
<script type="text/javascript">
function bigPic(){
document.myPicA.src="img/IMG_20151206_094806.jpg"
}
function smallPic(){
document.myPicA.src="img/IMG_20151206_094618.jpg"
}
</script>
</head><body>
<img name="myPicA" src="img/IMG_20151206_094618.jpg" onClick="bigPic()" onDblClick="smallPic()">
</body></html>
```

學習範例　　單選題腦筋急轉彎

按下表單中任一個單選鈕（onClick），呼叫「giveAns」函數並傳遞參數「this.value」進行答案比對。
本例傳遞的函數參數「this.value」即是單選鈕「myRadio」的「value」屬性值。

範例原始碼　　Event_onclick_radio.htm

```html
<!doctype html>
<html>
<head>
<meta charset="utf-8">
<title>onClick 事件</title>
<script type="text/javascript">
function giveAns(ans){
 if(ans=="C"){
 alert("答對囉！因為：\n 好一朵沒力（美麗）的茉莉花")
 }else{
 alert("答錯囉！再猜一猜！")
 }
}
</script>
</head><body>
<form name="myForm">
請問:哪一種花最沒力？<br />
<input type="radio" name="myRadio" value="A" onclick="giveAns(this.value)" />牽牛花
<input type="radio" name="myRadio" value="B" onclick="giveAns(this.value)" />圓仔花
<input type="radio" name="myRadio" value="C" onclick="giveAns(this.value)" />茉莉花
<br /><img name="myPic" src="img/DSC_0250.jpg" />
</form>
</body></html>
```

Edge 4x	IE 12.x	Chrome 5x	Opera 4x	FireFox 5x

event handler

語法	**onMouseDown, onMouseUp**
使用目的	**在物件上按下/放開滑鼠按鍵時的處理**
說明	■ onMouseDown 事件被引發的時機為在物件上按下滑鼠按鍵且沒放開滑鼠按鍵時；onMouseUp 事件被引發的時機則是為在物件上按下滑鼠按鍵並放開滑鼠按鍵時。 ■ onMouseDown、onMouseUp 事件處理常用的物件為：Button、document、Link、Image。
語法結構	< HTML 標籤 onMouseUp="處理機制"> < HTML 標籤 onMouseDown="處理機制"> 物件.onmousedown="處理機制" 物件.onmouseup="處理機制"
示範	<input type="button" name="myBtn" onMouseUp="btnFun()"> 在表單中的「myBtn」按鈕上按下滑鼠按鍵後放開滑鼠按鍵時呼叫「btnFun」函數。 document .myBtn.onmouseup=myFun 在網頁文件中的「myBtn」按鈕上按下滑鼠按鍵不放時呼叫「myFun」函數。 document.myPic.onmousedown=myFun 在網頁文件中的「myPic」Image 物件上按下滑鼠按鍵不放時呼叫「myFun」函數。

學習範例　按下滑鼠按鈕不放連續置換圖片

在圖片上按下滑鼠按鈕不放（onMouseDown），呼叫「setCol」函數連續置換圖片；當放開滑鼠按鍵時（onMouseUp），呼叫「clearCol」函數停止圖片置換的動作，並將網頁元件中已變更的圖片更換回原始圖片。

範例原始碼　Event_onmousedown.htm

```
<!doctype html>
<html>
<head>
<meta charset="utf-8">
<title>onMouseDown 事件</title>
<script type="text/javascript">
colPic=new Array("img/image17086.jpg","img/image17098.jpg","img/image17035.jpg")
x=0
function setCol(){
 document.myPic.src=colPic[x]
 x++
 if(x>=3) x=0
 myTimer=setTimeout("setCol()",1000)
}
function clearCol(){
 document.myPic.src="img/image17033.jpg"
 myTimer=clearTimeout(myTimer)
}
</script>
</head><body>
<img name="myPic" src="img/image17033.jpg"
onMouseDown="setCol()"
onMouseUp="clearCol()" />
</body></html>
```

| Edge 4x | IE 12.x | Chrome 5x | Opera 4x | FireFox 5x |

event handler

語法	**onMouseOver, onMouseOut**
使用目的	**當滑鼠指標移入/移出物件區域時的處理**
說明	■ onMouseOver 事件被引發的時機為滑鼠指標移到某區域 (Area) 物件或是 Link 物件上時；onMouseOut 事件被引發的時機為滑鼠指標移出某區域 (Area) 物件或是 Link 物件時。 ■ onMouseDown、onMouseUp 事件處理常用的物件為：Area、Link。
語法結構	< HTML 標籤 onMouseOver="處理機制"> < HTML 標籤 onMouseOut="處理機制"> 物件.onmouseover="處理機制" 物件.onmouseout="處理機制"
示範	`<input type="button" name="myBtn" onMouseOver="btnFun()">` 當滑鼠指標移入到表單中的「myBtn」按鈕上時呼叫「btnFun」函數。 document.myBtn.onmouseover=myFun 當滑鼠指標移入到「myBtn」按鈕上時呼叫「myFun」函數。 document.myPic.onmouseout=myFun 當滑鼠指標移入到「myPic」Image 物件上時呼叫「myFun」函數。

學習範例　　觸控式背景切換

當滑鼠指標移至顏色圖片上時（onMouseOver），就呼叫「chgBgcol」函數自動更換網頁的背景色。

範例原始碼　Event_onmouseover.htm

```html
<!doctype html>
<html>
<head>
<meta charset="utf-8">
<title>onMouseOver 事件</title>
<script type="text/javascript">
function chgBgcol(myColor){
document.bgColor=myColor
}
</script>
</head><body>
<table border="2" cellspacing="1" cellpadding="1" bgcolor="white">
<tr>
<td><img src="img/color1.gif" width="16" height="17"
onMouseOver="chgBgcol('FF4000')" /></td>
<td><img src="img/color2.gif" width="16" height="17"
onMouseOver="chgBgcol('E90080')" /></td>
<td><img src="img/color3.gif" width="16" height="17"
onMouseOver="chgBgcol('0000FF')" /></td>
<td><img src="img/color4.gif" width="16" height="17"
onMouseOver="chgBgcol('00FF00')" /></td>
<td><img src="img/color5.gif" width="16" height="17"
onMouseOver="chgBgcol('FF0000')" /></td>
</tr>
</table>
<img name="myPic" src="img/DSC_0271.jpg" />
</body></html>
```

學習範例　　圖片觸控切換

當滑鼠指標移至圖片超連結上時（onMouseOver）將圖片更換為「img/ P_20170403_154700.jpg」；
當滑鼠指標自圖片超連結上移開時（onMouseOut）將圖片更換為「img/ P_20170403_154733.jpg」。

範例原始碼　　Event_onmouseout.htm

```html
<!doctype html>
<html>
<head>
<meta charset="utf-8">
<title>onMouseOut 事件</title>
</head><body>
<a href="#"
onMouseOver="document.myPic.src='img/P_20170403_154700.jpg'"
onMouseOut="document.myPic.src='img/P_20170403_154733.jpg'"
>
<img name="myPic" src="img/P_20170403_154733.jpg" />
</a>
</body></html>
```

Edge 4x   IE 12.x   Chrome 5x   Opera 4x   FireFox 5x

Part 04

event handler

語法	**onMouseMove**
使用目的	當滑鼠指標在物件區域上移動時的處理
說明	■ onMouseMove 事件被引發的時機為滑鼠指標在某區域 (Area) 物件或是 Link 物件上移動時。 ■ onMouseMove 事件處理常用的物件為：Area、document、Link、Image。
語法結構	< HTML 標籤 onMouseMove=" 處理機制"> 物件.onmousemove=" 處理機制"
示範	`<input type="button" name="myBtn" onMouseMove="btnFun()">` 當滑鼠指標在表單中的「myBtn」按鈕上移動時呼叫「btnFun」函數。 document.myBtn.onmousemove=myFun 當滑鼠指標在「myBtn」按鈕上移動時呼叫「myFun」函數。 document .myPic .onmousemove=myFun 當滑鼠指標在「myPic」Image 物件上移動時呼叫「myFun」函數。

學習範例　　帶圖的滑鼠指標

當滑鼠指標在圖片中移動時（onMouseMove）呼叫「myFunctio」函數在網頁中輸出滑鼠指標當前的座標位置。當滑鼠指標移至圖片上時（onMouseOver）將位置識別圖片更換為「img/in.png」；當滑鼠指標自圖片上移開時（onMouseOut）將位置識別圖片更換為原來的「img/out.png」。

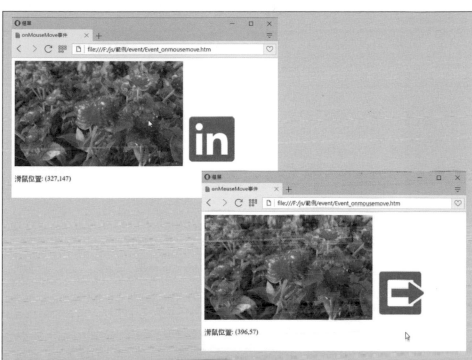

```html
<!doctype html>
<html>
<head>
<meta charset="utf-8">
<title>onMouseMove 事件</title>
<script type="text/javascript">
function myFunction(e) {
    var x = e.clientX
    var y = e.clientY
    var pos = "滑鼠位置: (" + x + "," + y + ")"
    document.getElementById("pos").innerHTML = pos
}
</script>
</head>
<body>
<img src="img/sf017.jpg"
onMouseMove="myFunction(event)"
onMouseOver="document.map.src='img/in.png'"
onMouseOut="document.map.src='img/out.png'" />
<img src="img/out.png" name="map" />
<p id="pos"></p>
</body></html>
```

Edge 4x IE 12.x Chrome 5x Opera 4x FireFox 5x

Part 04

event handler	
語法	**onKeyDown, onKeyPress, onKeyUp**
使用目的	當按下/放開鍵盤上按鍵時的處理
說明	■ 當按下鍵盤上的按鍵時將引發 onKeyDown 、onKeyPress 事件，放開按鍵的同時則引發 onKeyUp 事件。鍵盤事件的發生順序為 onKeyDown、onKeyPress、onKeyUp。 ■ onMouseMove 事件處理常用的物件為：document 、Link 、Image 、Text 、Textarea 、Password 。
語法結構	< HTML 標籤 onKeyDown="處理機制"> 物件.onkeydown=" 處理機制"
示範	<input type="text" name="myText" onKeyPress="textFun()"> 當表單中的「myText」 文字欄位中輸入資料而按下鍵盤按鍵時呼叫「textFun」 函數。 document.myText.onkeydown=myFun 當在「myText」 文字欄位中輸入資料而按下鍵盤按鍵時呼叫「myFun」 函數。 document.myPassword.onkeyup=myFun 當在「myPassword」 密碼欄位中輸入資料而按下並放開鍵盤按鍵時呼叫「myFun」 函數。

學習範例　特殊按鍵提示

當使用者在輸入欄位中輸入資料時 （onKeyDown） 呼叫「checkEnt」 函數, 若使用者按下的鍵盤按鍵為字母件入鍵之外的特殊按鍵時, 則以提示窗告知按下哪一個特殊按鍵。

範例原始碼　Event_onkeydown.htm

```
<!doctype html>
<html>
<head>
<meta charset="utf-8">
<title>onKeyDown 事件</title>
<script type="text/javascript">


function checkEnt(evt){
charCode = (evt.which) ? evt.which : event.keyCode
if (charCode == 8) alert(" 你按下了鍵盤上的 backspace 鍵")
if (charCode == 9) alert(" 你按下了鍵盤上的 tab 鍵")
if (charCode == 13) alert(" 你按下了鍵盤上的 enter 鍵")
if (charCode == 16) alert(" 你按下了鍵盤上的 shift 鍵")
if (charCode == 17) alert(" 你按下了鍵盤上的 ctrl 鍵")
if (charCode == 18) alert(" 你按下了鍵盤上的 alt 鍵")
if (charCode == 220) alert(" 你按下了鍵盤上的 \\ 鍵")
if (charCode == 221) alert(" 你按下了鍵盤上的 ] 鍵")
If (charCode == 222) alert(" 你按下了鍵盤上的 ' 鍵")


}
</script>
</head>
<body>
<img src="img/sf021.jpg" />
<form name="myForm">
請輸入:<input name="myTextA" type="text" onKeyDown="checkEnt(event)" /><br />
</form>
</body></html>
```

學習範例　　限制不能輸入中文字

當使用者在暱稱欄位中輸入資料,在放開鍵盤按鍵時(onKeyUp)呼叫「checkText」函數,若使用者輸入的是中文字則出現「Sorry!暱稱不能使用中文字!」交談窗,然後刪除輸入的中文字。

範例原始碼　　Event_onkeyup.htm

```
<!doctype html>
<html>
<head>
<meta charset="utf-8">
<title>onKeyUp 事件</title>
<script type="text/javascript">
function checkText(value){
if(value.match(/[\u4E00-\u9FA5]/g)){
alert("Sorry!暱稱不能使用中文字!")
document.myForm.myText.value=value.replace(/[\u4E00-\u9FA5]/g,"")
}
}
</script>
</head>
<body>
<img src="img/IMG_20160210_213610_7CS.jpg" />
<form name="myForm">
暱稱(不可輸入中文字):
<input name="myText" type="text" onKeyUp="checkText(this.value)" />
</form>
</body></html>
```

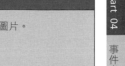

學習範例　　按任意鍵瀏覽不同圖片

當使用者在鍵盤上按下任意鍵時（onKeyPress）呼叫「chgPic」函數變更網頁中的圖片。

範例原始碼　　Event_onkeypress.htm

```
<!doctype html>
<html>
<head>
<meta charset="utf-8">
<title>onKeyPress 事件</title>
<script type="text/javascript">
num=0
function chgPic(){
document.myPic.src="img/sf00" + num + ".jpg"
num++
if(num>9) num=0
}
</script>
</head>
<body onKeyPress="chgPic()">
按任意鍵繼續瀏覽下一張圖片<br>
<img src="img/sf000.jpg" name="myPic" />
</body></html>
```

學習範例　　限制資料輸入長度

當使用者在通關密語欄位（pswText）中輸入資料時（onKeyPress）呼叫「testLen」函數, 若輸入的資料長度大於 5 則出現「通關密語只有 5 個字」的交談窗。

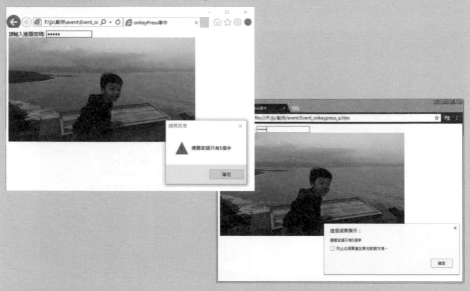

範例原始碼　　Event_onkeypress_a.htm

```
<!doctype html>
<html>
<head>
<meta charset="utf-8">
<title>onKeyPress 事件</title>
<script type="text/javascript">
Num=0
function testLen(){
 Num=document.testForm.pswText.value.length
 if(Num >= 5){
  alert("通關密語只有 5 個字")
 }
}
</script>
</head>
<body>
<form name="testForm">
請輸入通關密碼:
<input type="password" name="pswText" onKeyPress="testLen()" />
</form>
<img src="img/IMG_20160212_173734.jpg" name="myPic" />
</body></html>
```

PART

5

精選範例

Edge 4x　IE 12.x　Chrome 5x　Opera 4x　FireFox 5x

Part 05

精選範例

範例	**互動式文字超鏈結**
設置目的	**動態圖片切換與顯示滑鼠註解文字**

說明	■ 圖片動態切換式使用「onMouseOver」、「onMouseOut」即可辦到,若切換的圖片體積過大,則容易產生延遲切換的缺點,在本案例中以圖片物件在網頁載入時預先裝載圖片內容的方式解決延遲切換的問題。 ■ 大家大概都知道圖片不管是否有建立鏈結都可以 <ALT="xxxx"> 屬性來秀出圖片說明,如果是純文字的鏈結則可以 <TITLE="xxxx"> 屬性來秀出說明,但使用標籤屬性所出現的說明只限外觀內定且只能有文字,本案例則以「堆疊」方式示範可自訂外觀與內容的提示說明。

範例說明

網頁文件載入時「ini」函數進行文字鏈結的提示說明「堆疊設定」。當滑鼠指標移入超鏈結時(文字或圖片)呼叫「mouse_in」函數進行圖片切換與顯示該鏈結的提示說明,「mouse_in」函數有 2 個參數:「pic」參數值為要進行圖片切換的圖片物件名稱;「helpText」參數值則為鏈結的提示說明內容。當滑鼠指標移出超鏈結時(文字或圖)呼叫「mouse_out」函數把超鏈結圖片換回原始圖片,並將已出現的鏈結提示說明隱藏起來。「mouse_out」函數有 1 個參數:「pic」參數值為要進行圖片切換的圖片物件名稱。

範例原始碼　　Case_study_a.htm

```
<!doctype html>
<html>
<head>
<meta charset="utf-8">
<title>動態圖片切換與滑鼠註解文字</title>
<style>
BODY {
        COLOR: #999999;        TEXT-DECORATION: none; FONT-SIZE: 14pt;}
A:link {
        COLOR: #999999;        TEXT-DECORATION: none;}
A:visited {
        COLOR: #999999; TEXT-DECORATION: none; FONT-SIZE: 11pt;}
A:active {
        COLOR: #999999; TEXT-DECORATION: none; FONT-SIZE: 11pt;}
A:hover {
        COLOR: #CCCCCC; TEXT-DECORATION: underline; FONT-SIZE: 11pt;}
</style>
<SCRIPT type="text/javascript">
inImage=new Image()
inImage.src="img/bee.gif"   //滑鼠移進時所要顯現的圖檔
outImage=new Image()
outImage.src="img/ari.gif" //滑鼠移出,也就是正常顯現的圖片

//滑鼠指標移入時的處理
function mouse_in(pic,helpText,e){
document.images[pic].src=inImage.src
var posx=0,posy=0

if(e==null) e=window.event

if(e.pageX || e.pageY){
posx=e.pageX
posy=e.pageY
}else if(document.documentElement.scrollTop){
posx=e.clientX+document.documentElement.scrollLeft
posy=e.clientY+document.documentElement.scrollTop
}else{
posx=e.clientX+document.body.scrollLeft
posy=e.clientY+document.body.scrollTop
}

//浮動註解說明顯現設定
document.getElementById("msg").innerHTML='<img src="img/Holy-angel.png">' + helpText
document.getElementById("msgTale").style.top=(posy+10) + "px"
document.getElementById("msgTale").style.left=(posx+10) + "px"
```

```
document.getElementById("msgTale").style.visibility="visible"
}


//滑鼠指標移出時的處理
function mouse_out(pic){
 document.images[pic].src=outImage.src
 document.getElementById("msgTale").style.visibility = "hidden"
 }

//浮動註解說明的初始設定
function ini(){
  document.write("<table border=1 id='msgTale' bgcolor='#FFFFCC' bordercolor='#800000'" +
  " style='position:absolute; COLOR: #999999; FONT-SIZE: 12pt;border-collapse: collapse'>" +
  "<tr><td id='msg'></td></tr></table>")
  document.all["msgTale"].style.visibility = "hidden"
}

 ini()
</script>
</head>
<body><center>
<table border="0" width="400"><tr>
<td
<a href="http://www.twbts.com/" onMouseOver="mouse_in('picA', '最佳教學網站',event)"
onMouseOut="mouse_out('picA')">
<img src="img/ari.gif" border="0" name="picA">麻辣學園</a>
</td><td>
<a href="http://forum.twbts.com/" onMouseOver="mouse_in('picB', '最佳互助學習',event)"
onMouseOut="mouse_out('picB')">
<img src="img/ari.gif" border="0" name="picB">問題討論</a>
</td><td>
<a href="http://www.twbts.com/js/" onMouseOver="mouse_in('picC', '傻花家的小百岳攻頂紀錄與親子互
動',event)" onMouseOut="mouse_out('picC')">
<img src="img/ari.gif" border="0" name="picC">傻花父子的走跳</a>
</td></tr></table>
<img src="img/p00a.jpg">
</body>
</html>
```

Edge 4x | IE 12.x | Chrome 5x | Opera 4x | FireFox 5x

Part 05 精選範例

精選範例

範例	捲動式新聞看板
設置目的	設置於首頁公告最新消息或活動

| 說明 | ■ 本案例的效果即為各大入口網站或是新聞網站中，普遍設置的 「新聞速報」 或 「消息快報」 機制，但本案例所示範的新聞看板有不限制新聞出現數量的特點，並非固定只可顯示 1 條新聞。
■ 新聞看板的新聞皆為獨立配置，因此每 1 條新聞皆可建立相對應的文字超鏈結。 |

範例說明

網頁文件載入時（OnLoad）呼叫 「setScrollTime」 函數進行新聞資料與定時呼叫 「scrollUp」 函數的 「setInterval」 方法設置，「scrollUp」 函數負責新聞看板中的新聞捲動（滑鼠指標移出時）與停止（滑鼠指標移入時）。

範例原始碼　　Case_study_b.htm

```html
<html>
<head>
<meta charset="utf-8">
<title>捲動式新聞看板</title>
<style>
A:link {
        COLOR: #999999;        TEXT-DECORATION: none; FONT-SIZE: 10pt;}
```

```
A:visited {
          COLOR: #999999; TEXT-DECORATION: none; FONT-SIZE: 10pt;}
A:active {
          COLOR: #999999; TEXT-DECORATION: none; FONT-SIZE: 10pt;}
A:hover {
          COLOR: #CCCCCC; TEXT-DECORATION: underline; FONT-SIZE: 10pt;}
</style>

<SCRIPT type="text/javascript">
newsText=new Array()
newsURL=new Array()
//設定新聞訊息與連結的網址
newsText[0]="用VBA將搜尋內容顯示出來"
newsText[1]="取最後一個空格後的所有字元"
newsText[2]="如何在網頁版SKYPE發送訊息"
newsText[3]="請教如何製作萬年曆"
newsText[4]="if判斷式成立後儲存格依條件變色"
newsURL[0]="http://forum.twbts.com/thread-19566-1-1.html"
newsURL[1]="http://forum.twbts.com/thread-19582-1-1.html"
newsURL[2]="http://forum.twbts.com/thread-19586-1-1.html"
newsURL[3]="http://forum.twbts.com/thread-19583-1-1.html"
newsURL[4]="http://forum.twbts.com/thread-19567-1-1.html"


//基礎參數設置
scrollheight = 30   //捲動高度
scrollwidth=200 //新聞看板的寬度
lineNum = 3 //畫面中同時顯示的新聞數量
boardheight=scrollheight * lineNum//新聞看板的高度
doScroll = true //是否進行新聞捲動的旗標變數
scrollCountTime = 0
scrollStopTime = 200
scrollTimeOut = 10   //捲動更新時間
offSet = scrollheight
startSetp = 0


//捲動初始設定
function setScrollTime() {
document.all.textTable.style.width = scrollwidth
document.all.textTable.style.height = boardheight
document.all.textTable.style.overflowX = "hidden"
document.all.textTable.style.overflowY = "hidden"
document.all.textTable.scrollTop = 0
//當滑鼠指標移入時停止新聞捲動
document.all.textTable.onmouseover = new Function("doScroll = false")
//當滑鼠指標移出時開始新聞捲動
document.all.textTable.onmouseout = new Function("doScroll = true")
//輸出新聞訊息的表格
scrollTextTable="<table border='0' width=100% cellspacing='0' cellpadding='0'>"
loopY=0
```

```
for(x=0; x<newsText.length * 2; x++){
scrollTextTable+= "<tr><td height='" + scrollheight + "'>" + " <img src='img/news.gif'>"
scrollTextTable+= "<a href='" + newsURL[loopY] +"' target=_blank> "
scrollTextTable+= newsText[loopY]+ "</a></td></tr>"
loopY++
if(loopY>newsText.length-1)loopY=0
}
scrollTextTable+="</table>"
document.all["textTable"].innerHTML=scrollTextTable
document.all.textTable.scrollTop = 0
//定時呼叫scrollUp函數進行新聞捲動
setInterval("scrollUp()",scrollTimeOut)
}

//捲動與停止新聞
function scrollUp() {
if (doScroll == false) return
offSet ++
 if (offSet == scrollheight + 1) {
  scrollCountTime ++
  offSet --
  if (scrollCountTime == scrollStopTime) {
    offSet = 0
    scrollCountTime = 0
  }
}else {
 startSetp = document.all.textTable.scrollTop + (scrollheight * lineNum)
document.all.textTable.scrollTop ++
 if (startSetp == document.all.textTable.scrollTop + (scrollheight * lineNum)) {
  document.all.textTable.scrollTop = scrollheight * (lineNum-1)
  document.all.textTable.scrollTop ++
 }
}
}
</SCRIPT>

</head>
<body bgcolor="#FFFFFF" onLoad="setScrollTime()">
<table width="222" cellspacing="0" cellpadding="0">
<tr><td colspan="3">
<img border="0" src="img/top.gif" width="222" height="30"></td></tr>
<tr><td background="img/right.gif" width="15"></td><td width="201">
 <div id="textTable" bgcolor="#FFFFFF"></div>
</td><td width="6" background="img/left.gif"></td>
</tr><tr><td colspan="3">
<img border="0" src="img/buttom.gif" width="222" height="10"></td>
</tr></table>
</body>
</html>
```

Edge 4x IE 12.x Chrome 5x Opera 4x FireFox 5x

Part 05

精選範例

範例　**圖片廣告連結**

設置目的	設置於網頁中進行廣告輪播
說明	■ 什麼是廣告輪播？就是在你的網頁中放置一個固定的廣告版位，而廣告版位的廣告則每隔一段時就更換一個新的內容。如果瀏覽者對我們廣告版位內的廣告內容有興趣，則他可在廣告出現後，直接以滑鼠點選該廣告，而連結至該廣告的網頁。 ■ 本案例為圖片式的廣告輪播，以陣列方式為廣告圖片與廣告鏈結進行配對，可無限制增加輪播的項目。廣告圖片切換方式為載入廣告圖片，圖片由小到大 /圖片由大到小 / 載入下一項廣告圖片，圖片由小到大 /。

範例說明

網頁文件載入時 (OnLoad) 呼叫「imgStretch」函數開始配置第 1 組廣告,並將廣告圖片由小到大進行漸變,當廣告圖片到達指定的寬度與長度時,依指定的停留時間顯示該廣告圖片。達到指定的廣告圖停留顯示時間後,呼叫「imgShirk」函數開始縮小廣告圖片。當圖片寬度與長度小於等於 0 時,呼叫「imgIni」函數指定下 1 組輪播的廣告。

範例原始碼　Case_study_c.htm

```
<html>
<head>
<meta charset="utf-8">
<title>圖片廣告連結</title>
<SCRIPT type="text/javascript">
```

```
imgwidth=400 //圖片高度
imgheight=250 //圖片寬度
imgPauseTime=5000 //圖片停留時間
imgSpeed=20 //圖片特效速度
chgLoop=0
imgCount=0
doChg=true
//廣告圖片來源
imgSrc=new Array()
imgSrc[0]="img/p000.jpg"
imgSrc[1]="img/p001.jpg"
imgSrc[2]="img/p002.jpg"
imgSrc[3]="img/p003.jpg"
imgSrc[4]="img/p004.jpg"
//廣告圖片的超鏈結
imgURL=new Array()
imgURL[0]="http://www.twbts.com"
imgURL[1]="http://gb.twbts.com"
imgURL[2]="http://www.twbts.com"
imgURL[3]="http://gb.twbts.com"
imgURL[4]="http://www.twbts.com"
//建立影像物件陣列,並將圖片檔案預先儲存物件內
imgArray=new Array()
for (x=0;x<=imgSrc.length-1;x++) {
       imgArray[x]=new Image()
       imgArray[x].src=imgSrc[x]
}

//圖片設定
function ImgIni() {
doChg=true
ImgCount++
      if (imgCount>=imgSrc.length){
      imgCount=0
      }
imgStretch()
}

//圖片放大效果
function imgStretch() {
if(doChg){
      if (chgLoop<=100) {

             imgArea.innerHTML="<a href='"+imgURL[imgCount] +
             "' target='_blank'><img name='myPic' width='" + chgLoop*imgwidth/100 +
             "' height='"+chgLoop*imgheight/100+"' src='" + imgArray[imgCount].src + "' border='0'></a>"

          chgLoop+=10
          timer=setTimeout("imgStretch()",imgSpeed)
      }
      else {
          chgLoop=100
          clearTimeout(timer)
```

```
                imgArea.innerHTML="<a href='"+imgURL[imgCount] +
                "' target='_blank'><img name='myPic' src='" + imgArray[imgCount].src + "' border='0'></a>"
                timer=setTimeout("imgShirk()",imgPauseTime)
        }
    }
}

//圖片縮小效果
function imgShirk() {
    if(doChg){
        if (chgLoop>=0) {

                imgArea.innerHTML="<a href='"+imgURL[imgCount] +
                "' target='_blank'><img name='myPic' width='" + chgLoop*imgwidth/100 +
                "' height='" + chgLoop*imgheight/100 + "' src='" + imgArray[imgCount].src + "' border='0'></a>"

            chgLoop-=10
            timer=setTimeout("imgShirk()",imgSpeed)
        }
        else {
            chgLoop=0
            clearTimeout(timer)
            imgIni()
        }
    }
}

//滑鼠指標移入時
function mouse_in() {
 doChg=false
}

//滑鼠指標移出時
function mouse_out() {
 doChg=true
 clearTimeout(timer)
 imgStretch()
}
</SCRIPT>

</head>
<body bgcolor="#FFFFFF"  onLoad="imgStretch()">
<center>
<table cellspacing="0" cellpadding="0">
<tr><td>
<img border="0" src="img/topc.gif"></td></tr>
<tr><td>
<div id="imgArea" bgcolor="#FFFFFF" onMouseOver="mouse_in()" onMouseOut="mouse_out()"></div>
</td></tr><tr><td>
<img border="0" src="img/buttomc.gif"></td>
</tr></table>
</body>
</html>
```

Edge 4x　 IE 12.x　 Chrome 5x　 Opera 4x　 FireFox 5x

精選範例

範例	**商品展示櫥窗**
設置目的	**設置於網頁中供使用者瀏覽商品**

說明

- 本案例所示範的是目前日、韓購物網站最普遍應用的「商品展示櫥窗」：在網頁篇幅有限的狀況下，將多個商品陳列於「展示櫥窗」中，櫥窗中各個商品以循環替換瀏覽的方式呈現。本案例可無限制增加展示的商品的項目。

- 商品圖片特效為：滑鼠移入時，圖片加上 50% 透明度的 Alpha 濾鏡效果；滑鼠移出時，圖片恢復 100% 透明度的 Alpha 濾鏡效果（原圖顯示）。此濾鏡效果 IE、Firefox 瀏覽器不相容，其餘主流瀏覽器皆可應用。

範例說明

網頁文件載入時（OnLoad）呼叫「turnIni」函數將各個商品的出現順序隨機排列，依指定的個數輸出商品廣告（本例預設出現 3 個）。當使用者按下向右展示圖片按鈕時，呼叫「turnRight」函數將既有商品廣告向左移動，增加一個新商品廣告於「展示櫥窗」的最右方。當使用者按下向左展示圖片按鈕時，呼叫「turnLeft」函數將既有商品廣告向右移動，增加 1 個新商品廣告於「展示櫥窗」的最左方。

範例原始碼　Case_study_d.htm

```html
<!doctype html>
<html>
<head>
<meta charset="utf-8">
<title>商品展示櫥窗</title>
```

```
<SCRIPT type="text/javascript">
//廣告圖片來源
imgSrc=new Array()
imgSrc[0]="img/a1.jpg"
imgSrc[1]="img/a2.jpg"
imgSrc[2]="img/a3.jpg"
imgSrc[3]="img/a4.jpg"
imgSrc[4]="img/a5.jpg"
imgSrc[5]="img/a6.jpg"
imgSrc[6]="img/a7.jpg"
imgSrc[7]="img/a8.jpg"
//廣告圖片的超鏈結
imgURL=new Array()
imgURL[0]="http://www.twbts.com"
imgURL[1]="http://forum.twbts.com"
imgURL[2]="http://valor.twbts.com"
imgURL[3]="http://www.twbts.com"
imgURL[4]="http://forum.twbts.com"
imgURL[5]="http://valor.twbts.com"
imgURL[6]="http://www.twbts.com"
imgURL[7]="http://forum.twbts.com"
//廣告圖片的替代內容說明
imgALT=new Array()
imgALT[0]="商品特價中"
imgALT[1]="牛軋餅"
imgALT[2]="有機包種茶"
imgALT[3]="包種茶"
imgALT[4]="有機桂花包種茶"
imgALT[5]="有機蜜香紅茶"
imgALT[6]="茶包"
imgALT[7]="萃韻-桂花醬"
//廣告圖片的提示內容說明
imgTIT=new Array()
imgTIT[0]="商品特價中"
imgTIT[1]="原味，咖啡，抹茶，巧克力，蔓越莓，綜合"
imgTIT[2]="有機包種茶"
imgTIT[3]="包種茶"
imgTIT[4]="有機桂花包種茶"
imgTIT[5]="有機蜜香紅茶"
imgTIT[6]="純天然台灣茶"
imgTIT[7]="不含添加物及防腐劑"
//亂數排列廣告的陣列
rndNumber = new Array()
//亂數排列後的廣告圖片來源與超鏈結陣列
imgSrc2 = new Array()
imgURL2 = new Array()
imgALT2 = new Array()
imgTIT2 = new Array()
bannerNum=3 //一次出現的廣告個數
Cnt = imgSrc.length-1 //廣告的總個數
rightNum = 0
leftNum = 2
```

```javascript
//初始廣告
function turnIni(){
z=0
//亂數排列
while(z < Cnt+1)
{
    randflag = 0
    rando = Math.floor(Math.random()*1000)%(Cnt+1)
    for(y=0; y < z+1; y++){
       if(rndNumber[y] == rando){
          randflag++
     }
  }
    if(randflag == 0){
        rndNumber[z] = rando
        z++
   }
}

//亂數排列圖片來源、超鏈結與內容說明
for(z=0; z<Cnt+1; z++){
       rn = rndNumber[z]
       imgSrc2[z] = imgSrc[rn]
       imgURL2[z] = imgURL[rn]
       imgALT2[z] = imgALT[rn]
       imgTIT2[z] = imgTIT[rn]
}
//輸出廣告內容
bannerAreaMsg=""
 for (x=0;x<bannerNum;x++){
       bannerAreaMsg += "<a href='" + imgURL2[x] +
          "'><img src='"+imgSrc2[x] +
          "' border=0  alt='" + imgALT2[x] + "' title='" + imgTIT2[x] + "'" +
          " id='myPic' onMouseOver='mouse_in(" + x + ")' onMouseOut='mouse_out(" + x + ")'></a> "
  }
bannerArea.innerHTML = bannerAreaMsg
}

//按下左移按鈕
function turnLeft(){
leftNumTemp=0
bannerAreaMsg=""
leftNum--
  if(leftNum<0) {
     leftNum = Cnt
  }
leftNumTemp=leftNum
    for (x=0;x<bannerNum;x++){
    if(leftNumTemp<0) {
       leftNumTemp = Cnt
    }
    bannerAreaMsg += "<a href='" + imgURL2[leftNumTemp] +
```

```
                     "'><img src='"+imgSrc2[leftNumTemp] +
                "' border=0  alt='" + imgALT2[leftNumTemp] + "' title='" + imgTIT2[leftNumTemp] + "'" +
                " id='myPic' onMouseOver='mouse_in(" + x + ")' onMouseOut='mouse_out(" + x + ")'></a>    "
                leftNumTemp--
     }
 bannerArea.innerHTML = bannerAreaMsg
 }

 //按下右移按鈕
 function turnRight(){
 rightNumTemp=0
 bannerAreaMsg=""
 rightNum++
   if(rightNum>Cnt) {
       rightNum = 0
     }
 rightNumTemp=rightNum
   for (x=0;x<bannerNum;x++){
       if(rightNumTemp>Cnt) {
       rightNumTemp = 0
       }
       bannerAreaMsg += "<a href='" + imgURL2[rightNumTemp] +
           "'><img src='"+imgSrc2[rightNumTemp] +
           "' border=0  alt='" + imgALT2[rightNumTemp] + "' title='" + imgTIT2[rightNumTemp] + "'" +
           " id='myPic' onMouseOver='mouse_in(" + x + ")' onMouseOut='mouse_out(" + x + ")'></a>"
           rightNumTemp++
     }
 bannerArea.innerHTML = bannerAreaMsg
 }

 //滑鼠指標移入時
 function mouse_in(num) {
  myPic[num].style.WebkitFilter="opacity(50%)"
 }

 //滑鼠指標移出時
 function mouse_out(num) {
  myPic[num].style.WebkitFilter="opacity(100%)"
 }
 </SCRIPT>
 </head>
 <body onLoad="turnIni()"><center>
 <table cellpadding="3" style="border-collapse: collapse"><tr align="center">
 <td width="10"><img src="img/b_pre.gif" onClick="turnLeft()" style="cursor:hand;"></td>
 <td>
 <table border=0 style="border-collapse: collapse" bordercolor="#808080"><tr>
 <td><div id="bannerArea"></div></td>
 </tr></table>
 </td>
 <td width="10"><img src="img/b_next.gif" onClick="turnRight()" style="cursor:hand;"></td>
 </tr></table>
 <img src="img/p006.jpg">
 </body>
 </html>
```

Edge 4x
 IE 12.x
 Chrome 5x
 Opera 4x
 FireFox 5x

精選範例

範例	精美多配色月曆

設置目的	於網頁中顯示標示當日日期的月曆
說明	■ 本案例所呈現的不是單純的月曆，還會在月曆中特別標示瀏覽當時的日期，並提供月曆的配色選項供使用者指定。 ■ 除了月曆之外，還提供使用者即時的時間資訊。

範例說明

網頁文件載入時（OnLoad）同時呼叫「calendar」、「showTime」函數，「calendar」函數負責月曆的輸出，「showTime」函數則提供即時的時間資訊。

範例原始碼　　Case_study_e.htm

```
<!doctype html>
<html>
<head>
<meta charset="utf-8">
<title>精美多配色月曆</title>
<style>
```

```
table{
width:250px;height:150px;border-collapse:collapse;border-spacing:0;background-color: #CCCCCC;
}
.TR1 {
            FONT-SIZE: 12px; COLOR:#FFFFFF ;background-color: #666666; }
.TR2 {
            FONT-SIZE: 12px; COLOR:#FFFFFF ;background-color: #c5c5c5; }
.TR3 {
            FONT-SIZE: 12px; COLOR:#000000 ;background-color: #efefef; }
.TD1 {
            FONT-SIZE: 12px; COLOR:#FFFFFF ;background-color: #666666; }
#nowTime FONT {
            width:250px;FONT-SIZE: 12px; COLOR:#FFFFFF ;background-color: #666666; }
</style>

<SCRIPT type="text/javascript">
//顯示月曆
function calendar(){
today = new Date()
outDiv=""
dayNames = new Array("星期日","星期一","星期二","星期三","星期四","星期五","星期六")
monthDays = new Array(31, 28, 31, 30, 31, 30, 31, 31, 30, 31, 30, 31)
if (((today.getFullYear() % 4 == 0) && (today.getFullYear() % 100 != 0)) || (today.getFullYear() % 400 == 0))
monthDays[1] = 29
nDays = monthDays[today.getMonth()]
firstDay = new Date()
firstDay.setDate(1)
testMe = firstDay.getDate()
if (testMe == 2) firstDay.setDate(0)
startDay = firstDay.getDay();
outDiv='<table id="myTable" border="1" cellspacing="1" cellpadding="2" >'
outDiv+='<tr id="tr1" class="tr1"><th colspan="7">'
outDiv+="西元" + " " + today.getFullYear()  + "年" + " " + (today.getMonth()+1) + "月 " + today.getDate() + "
日" + " " + dayNames[today.getDay()]
outDiv+='</TH></tr><tr id="tr2" class="tr2"><TH>日</TH>'
outDiv+='<th>一</th>'
outDiv+='<th>二</th>'
outDiv+='<th>三</th>'
outDiv+='<th>四</th>'
outDiv+='<th>五</th>'
outDiv+='<th>六</th>'
outDiv+="</tr><tr id='tr3' class='tr3'>"
column = 0;
for (i=0; i<startDay; i++){
 outDiv+="<td> </td>"
 column++
}
for (i=1; i<=nDays; i++){
 if (i == today.getDate()){
```

```
   outDiv+="</td><td align='center' id='td1' class='td1'>"
 }else{
   outDiv+="</td><td ALIGN='center'>"
 }
outDiv+=i
if (i == today.getDate()) outDiv+="</td>"
column++;
 if (column == 7){
   outDiv+="<tr id='tr3' class='tr3'>"
   column = 0
 }
}
outDiv+='</tr></table>'
calendarArea.innerHTML=outDiv
}

//顯示目前時間
function showTime(){
nowDateTime = new Date()
 taiwanHours = nowDateTime.getHours()
 taiwanMinutes = nowDateTime.getMinutes()
 taiwanSeconds = nowDateTime.getSeconds()
 nowTime.innerHTML="<font><img src='img/today_icon.gif'>現在時間(TW): " +
 taiwanHours + "時" + taiwanMinutes + "分" + taiwanSeconds + "秒</font>"
 setTimeout("showTime()",1000)
}

//日曆配設選擇
function chgColor(num){
switch(num){
case 0:
   tr1.style.backgroundColor="#666666"
   tr2.style.backgroundColor="#c5c5c5"
   tr3[0].style.backgroundColor="#efefef"
   tr3[1].style.backgroundColor="#efefef"
   tr3[2].style.backgroundColor="#efefef"
   tr3[3].style.backgroundColor="#efefef"
   tr3[4].style.backgroundColor="#efefef"
   td1.style.backgroundColor="#666666"
break;
case 1:
   tr1.style.backgroundColor="#000099"
   tr2.style.backgroundColor="#3333ff"
   tr3[0].style.backgroundColor="#ccffff"
   tr3[1].style.backgroundColor="#ccffff"
   tr3[2].style.backgroundColor="#ccffff"
   tr3[3].style.backgroundColor="#ccffff"
   tr3[4].style.backgroundColor="#ccffff"
   td1.style.backgroundColor="#000099"
```

```
break;
case 2:
    tr1.style.backgroundColor="#800000"
    tr2.style.backgroundColor="#cc3300"
    tr3[0].style.backgroundColor="#ff9900"
    tr3[1].style.backgroundColor="#ff9900"
    tr3[2].style.backgroundColor="#ff9900"
    tr3[3].style.backgroundColor="#ff9900"
    tr3[4].style.backgroundColor="#ff9900"
    td1.style.backgroundColor="#800000"
break;
case 3:
    tr1.style.backgroundColor="#006600"
    tr2.style.backgroundColor="#339933"
    tr3[0].style.backgroundColor="#ccff99"
    tr3[1].style.backgroundColor="#ccff99"
    tr3[2].style.backgroundColor="#ccff99"
    tr3[3].style.backgroundColor="#ccff99"
    tr3[4].style.backgroundColor="#ccff99"
    td1.style.backgroundColor="#006600"
break;
case 4:
    tr1.style.backgroundColor="#660066"
    tr2.style.backgroundColor="#9900ff"
    tr3[0].style.backgroundColor="#ffacff"
    tr3[1].style.backgroundColor="#ffacff"
    tr3[2].style.backgroundColor="#ffacff"
    tr3[3].style.backgroundColor="#ffacff"
    tr3[4].style.backgroundColor="#ffacff"
    td1.style.backgroundColor="#660066"
break;
}
}
</SCRIPT>
</head>
<body onLoad="calendar();showTime()"><center>
<form style="margin-top: 0; margin-bottom: 0">
<img border="0" src="img/style.gif">
<input name="myColor" type="radio" value="0" style="background-color: #808080" onfocus="chgColor(0);" checked>
<input name="myColor" type="radio" value="1" style="background-color: #000099" onfocus="chgColor(1);">
<input name="myColor" type="radio" value="1" style="background-color: #800000" onfocus="chgColor(2);">
<input name="myColor" type="radio" value="1" style="background-color: #006600" onfocus="chgColor(3);">
<input name="myColor" type="radio" value="1" style="background-color: #660066" onfocus="chgColor(4);">
</form>
<table border=5>
<tr><td><div id="calendarArea"></div></td></tr>
<tr><td><div id="nowTime"></div></td></tr>
</table>
</body>
</html>
```

Edge 4x　IE 12.x　Chrome 5x　Opera 4x　FireFox 5x

精選範例

範例	**氣象與時間**
設置目的	**設置於網頁中提供瀏覽者即時氣象與時間的資訊**
說明	■ 提供即時時間與氣象資料，似乎已成為各大入口網站的標準配置，時間資料容易取得且可自動更新，但氣象資料就得靠網頁擁有者自行手動更新了。 ■ 本案例示範的即時時間取自瀏覽者自身的系統時間，本地時間與國際標準時間交互切換顯示。氣象資料來自網頁擁有者的資料設定，氣象的區域本案例只使用 5 個城市（台北、高雄、台中、花蓮、屏東），但可無限擴充；天氣圖示只使用 8 種，亦可自行擴充。依設置的城市數量定時切換顯示。

範例說明

網頁文件載入時 (OnLoad) 同時呼叫「showDate」、「weather」函數。「showDate」函數的功能為本地時間與國際標準時間交互切換顯示；「weather」函數負責依序循環顯示各城市的氣象資料。

範例原始碼　　Case_study_f.htm

```html
<!doctype html>
<html>
<head>
<meta charset="utf-8">
<title>氣象與時間</title>
<style>
TD {FONT-SIZE: 12px; COLOR: #666666; LINE-HEIGHT: 16px;}
</style>

<SCRIPT type="text/javascript">
//星期定義
realDays= new Array("星期日".fontcolor("#FF0000"),"星期一","星期二")
realDays= realDays.concat("星期三","星期四","星期五")
realDays= realDays.concat("星期六".fontcolor("#FF0000"))
timeFlag=0
//顯示目前日期時間
function showDate(){
nowDateTime = new Date()
  if(timeFlag==0){   //台灣時間
  taiwanYear = nowDateTime.getFullYear()
  taiwanMonth = nowDateTime.getMonth() + 1
  taiwanDate = nowDateTime.getDate()
  taiwanDays=realDays[nowDateTime.getDay()]
  taiwanHours = nowDateTime.getHours()
  taiwanMinutes = nowDateTime.getMinutes()
  nowTime.innerHTML="TW :    " + taiwanYear + "年" + taiwanMonth + "月 " + taiwanDate + "日 " +
  taiwanHours + ":" + taiwanMinutes + "    " + taiwanDays
  timeFlag=1
  setTimeout("showDate()",5000)
  }else{ //國際標準時間
  UTCYear = nowDateTime.getUTCFullYear()
  UTCMonth = nowDateTime.getUTCMonth() + 1
  UTCDate = nowDateTime.getUTCDate()
  UTCDays = realDays[nowDateTime.getUTCDay()]
  UTCHours = nowDateTime.getUTCHours()
  UTCMinutes = nowDateTime.getUTCMinutes()
  nowTime.innerHTML="UTC:    " + UTCYear + "年 " + UTCMonth + "月 " + UTCDate + "日 " +
  UTCHours + ":" + UTCMinutes+ "    " + UTCDays
  timeFlag=0
  setTimeout("showDate()",5000)
  }
}

//天氣資料定義
//1:多雲時晴短暫雷陣雨, 2:多雲時陰短暫陣雨, 3:晴天, 4:陰時短暫陣雨
//5:雨天, 6:雷陣雨, 7:陰時多雲, 8:晴時有雲
```

```
weatherImg = new Array (4,8,6,2,3)
weatherAlt = new Array ("陰時短暫陣雨","晴時有雲","雷陣雨","多雲時陰短暫陣雨","晴天")
weatherCity = new Array ("台北","高雄","台中","花蓮","屏東")
weatherTemp = new Array ("25°C~29°C","26°C~31°C","25°C~31°C","25°C~28°C","26°C~30°C")
weatherPic = new Array ("p001.jpg","p002.jpg","p003.jpg","p004.jpg","p005.jpg")
weaterCount = 0

//顯示今日各地天氣
function weather(){
imgWeather.innerHTML = "<img src='img/" + weatherImg[weaterCount] + ".gif' alt='" +
          weatherAlt[weaterCount] + "' border='0' align='bottom'>"
cItyWeather.innerHTML = "<B>" + weatherCity[weaterCount] + "</B>"
tempWeather.innerHTML = weatherTemp[weaterCount]
picWeather.src="img/" + weatherPic[weaterCount]

if (weaterCount>=weatherImg.length-1){
  weaterCount=0
}else{
  weaterCount++
}
          setTimeout("weather()",5000)
}
</SCRIPT>
</head>
<body onload="showDate();weather()">
<center>
<table border="0" cellpadding="2" cellspacing="1" background="img/weather.gif" width="400" height="35">
<tr valign="bottom"><td>
    <table border="0" width="100%"cellspacing="0" cellpadding="0">
         <tr valign="bottom">
             <td><div id="imgWeather"></div></td>
             <td><div id="cityWeather"></div></td>
             <td><div id="tempWeather"></div></td>
         </tr>
    </table>
</td><td width="210">
<div id="nowTime"></div>
</td></tr>
</table>
<img id="picWeather" src="img/p001.jpg">
</body>
</html>
```

Edge 4x IE 12.x Chrome 5x Opera 4x FireFox 5x

Part 05

精選範例

範例 標準商用計算機

設置目的 放置於購物網站的計算機功能

說明

■ 本案例所示範的是一個線上計算機,有加減乘除與百分比的功能。建議您可將此範例成品應用於購物網站,這對購物者來說是一項貼心的服務,站在購物者的立場來看,購物時是很需要一個計算機來進行比價的動作。

範例說明

■ 按下數字相關的按鈕時,呼叫「enterNum」函數紀錄使用者所輸入的數字。

■ 按下運算符號相關的按鈕時,呼叫「enterOper」函數進行算術運算,輸出之前所輸入的數值運算結果,或記錄要進行運算的種類。

■ 按下「%」百分比按鈕時,呼叫「percent」函數進行百分比運算。

■ 按下「+/-」按鈕時,呼叫「invert」函數進行輸入數值的正負值轉換。

■ 按下「.」點按鈕時,呼叫「enterDot」函數進行小數的輸入。

■ 按下「C」按鈕時,呼叫「clratAll」函數清除所有的運算紀錄。

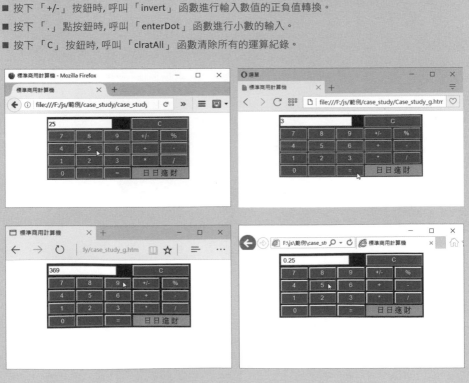

範例原始碼　Case_study_g.htm

```html
<!doctype html>
<html>
<head>
<meta charset="utf-8">
<title>標準商用計算機</title>
<style>
TABLE {
    BACKGROUND: #003300;}
.Btn {
    FONT: 12px; COLOR: #FFFFFF; BACKGROUND: #339933; WIDTH: 60px;
    HEIGHT: 25px; BODER-COLOR: #CCCCCC; }
.BtnC {
    FONT: 15px; COLOR: #FFFFFF; BACKGROUND: #339933; WIDTH: 126px;
    HEIGHT: 25px; BODER COLOR: #CCCCCC; }
.ansTExt {
    FONT: 12px ;TEXT-ALIGN: right;WIDTH: 183;}
.oText {
FONT: 12px ,COLOR: #000000; TEXT-ALIGN: center;BACKGROUND: #ccff99;}
</style>

<SCRIPT type="text/javascript">
enterNumFlag = false
tempOper = "" //暫存運算符號
calculatorNum = 0 //暫存計算值

//輸入數字
function enterNum(Num){
 if (enterNumFlag) {
    calculatorForm.outAns.value = Num
    enterNumFlag = false
 }else{
    if(calculatorForm.outAns.value == "0"){
       calculatorForm.outAns.value = Num}
    else{
    calculatorForm.outAns.value += Num}
 }
}

//輸入運算符號
function enterOper(operation) {
 outAns = calculatorForm.outAns.value
 if (!(tempOper != "=" && enterNumFlag)){
    enterNumFlag = true
    if(tempOper=="+"){
       calculatorNum += parseFloat(outAns)}
    else if(tempOper=="-"){
```

```
              calculatorNum -= parseFloat(outAns)}
        else if(tempOper=="/"){
              calculatorNum /= parseFloat(outAns)}
        else if(tempOper=="*"){
              calculatorNum *= parseFloat(outAns)}
        else{
              calculatorNum = parseFloat(outAns)}
              calculatorForm.outAns.value = calculatorNum
              tempOper = operation
      }
}

//正負數互轉
function invert(){
    calculatorForm.outAns.value = parseFloat(calculatorForm.outAns.value) * -1
}

//百分比計算
function percent(){
    calculatorForm.outAns.value = (parseFloat(calculatorForm.outAns.value) / 100) *
parseFloat(calculatorNum)
}

//輸入小數點
function enterDot(){
  tempAns = calculatorForm.outAns.value
  if(enterNumFlag){
      tempAns = "0."
      enterNumFlag = false
  }else{
      if(tempAns.indexOf(".") == -1)tempAns += "."
  }
  calculatorForm.outAns.value = tempAns
}

//清除
function clearAll(){
 calculatorNum = 0
 tempOper = ""
 calculatorForm.outAns.value = "0"
 enterNumFlag = true
}
</SCRIPT>
</head>
<body><center>
<form name="calculatorForm">
<table border="1" cellpadding="0" cellspacing="1">
<tr>
 <td colspan="3"><input name="outAns" type="Text" value="0" class="ansText"></td>
```

```html
<td colspan="2"><input type="Button" value="C" onclick="clearAll()" class="BtnC"></td>
</tr><tr>
<td><input type="Button" value="7" onclick="enterNum(this.value)" class="Btn"></td>
 <td><input type="Button" value="8" onclick="enterNum(this.value)" class="Btn"></td>
 <td><input type="Button" value="9" onclick="enterNum(this.value)" class="Btn"></td>
 <td><input type="Button" value="+/-" onclick="invert()" class="Btn"></td>
 <td><input type="Button" value="%" onClick="percent()" class="Btn"></td>
</tr><tr>
 <td><input type="Button" value="4" onclick="enterNum(this.value)" class="Btn"></td>
   <td><input type="Button" value="5" onclick="enterNum(this.value)" class="Btn"></td>
 <td><input type="Button" value="6" onclick="enterNum(this.value)" class="Btn"></td>
 <td><input type="Button" value="+" onclick="enterOper(this.value)" class="Btn"></td>
 <td><input type="Button" value="-" onClick="enterOper(this.value)" class="Btn"></td>
</tr><tr>
 <td><input type="Button" value="1" onclick="enterNum(this.value)" class="Btn"></td>
 <td><input type="Button" value="2" onclick="enterNum(this.value)" class="Btn"></td>
 <td><input type="Button" value="3" onclick="enterNum(this.value)" class="Btn"></td>
 <td><input type="Button" value="*" onclick="enterOper(this.value)" class="Btn"></td>
 <td><input type="Button" value="/" onClick="enterOper(this.value)" class="Btn"></td>
</tr><tr>
 <td width="50"><input type="Button" value=" 0" onclick="enterNum(this.value)" class="Btn"></td>
 <td width="50"><Input type="Button" value="." onclick="enterDot()" class="Btn"></td>
 <td><input type="Button" value="=" onClick="enterOper(this.value)" class="Btn"></td>
 <td colspan="2" class="oText">日 日 進 財</td></tr></table>
</form>
</body>
</html>
```

Edge 4x

IE 12.x

Chrome 5x

Opera 4x

FireFox 5x

Part 05

精選範例

範例	隨機背景音樂 / 音樂點唱機

設置目的	在網頁中播放音樂
說明	■ 「隨機背景音樂」與「音樂點唱機」是兩項不同的功能, 但本案例將兩者的功能合而為一, 在網頁載入時會隨機選取 1 個音樂檔案來播放, 使用者亦可於網頁的下拉選單中選取要欣賞的音樂, 除此之外, 本案例還設置有「重複播放」功能, 可視需要自行決定是否重複播放某一音樂檔案。 ■ 本案例中使用 HTML5 Audio 元素進行新訓檔案的播放。 ■ 本案例中所使用的音樂檔案為YouTube音樂庫所提供的無版權配樂, 僅為教學示範用, 音樂版權屬於原創作者。

範例說明

網頁文件載入時 (OnLoad) 呼叫「iniSelect」函數隨機選取1個音樂檔案來播放, 使用者於網頁的下拉選單中選取要欣賞的音樂時 (onChange), 呼叫「playMusic」函數依選取項目的索引提取「musicSrc」陣列元素資料作為音樂播放的檔案來源。當使用者按下「重複播放」的圖片按鈕時 (onClick), 呼叫「loopTrun」函數進行音樂重複/不重複播放的設定。

範例原始碼　　Case_study_h.htm

```html
<!doctype html>
<html>
<head>
<meta charset="utf-8">
<title>隨機背景音樂/音樂點唱機</title>
<style>
FONT {
         FONT-SIZE: 12px; COLOR:#FF0000 ; }
</style>

<SCRIPT type="text/javascript">
//設置音樂來源檔案
musicSrc = new Array()
musicSrc[0] = "music/01.mp3"
musicSrc[1] = "music/02.mp3"
musicSrc[2] = "music/03.mp3"
musicSrc[3] = "music/04.mp3"
musicSrc[4] = "music/05.mp3"
//設置音樂說明
musicTxt = new Array()
musicTxt[0] = "Skip With My Creole Band"
musicTxt[1] = "FUN"
musicTxt[2] = "London_Bridge_vocal"
musicTxt[3] = "Modus_Operandi_M_O"
musicTxt[4] = "Renaissance_Castle"
randMusic = Math.floor(Math.random() * musicSrc.length)
loopSt=false
loopSet=""

//點播音樂
function playMusic(musicChg){
musicArea.innerHTML="<audio autoplay " + loopSet + "><source src='"+ musicSrc[musicChg] +"' type='audio/
mpeg'></audio>"
}

//隨機播放音樂
function iniSelect(){
musicArea.innerHTML="<audio autoplay " + loopSet + "><source src='"+ musicSrc[randMusic] +"'
type='audio/mpeg'></audio>"
document.musicForm.musicSelect.length=musicSrc.length
  for(x=0;x<musicSrc.length;x++){
    document.musicForm.musicSelect.options[x].value=musicSrc[x]
    document.musicForm.musicSelect.options[x].text=musicTxt[x]
  }
 document.musicForm.musicSelect.selectedIndex=randMusic
}
```

```
//是否重複播放音樂
function loopTurn(musicChg){
   if(loopSt){
      loopSt=false
      loopSet=""
      reMusic.src="img/remusic_n.gif"
   }else{
      loopSt=true
      loopSet="loop"
      reMusic.src="img/remusic_t.gif"
   }
playMusic(musicChg)
}
</SCRIPT>
</head>
<body onLoad="iniSelect()"><center>
<div id="musicArea"></div>
<table border="0" width="400" background="img/musictit.gif" height="28">
<tr><td width="150">　</td><td>
<form name="musicForm" style="margin-bottom: 0">
<select name="musicSelect" onChange="playMusic(this.selectedIndex)" size="1"></select>
</form></td><td width="20">
<img id="reMusic" src="img/remusic_n.gif" style="cursor:hand;" alt="重複播放"
onClick="loopTurn(document.musicForm.musicSelect.selectedIndex)"></td>
</tr></table>
<table border="0" width="400" background="img/musicbg.gif" height="248">
<tr><td align="center">
<img border="0" src="img/P_ANIMATION.gif" width="380" height="230"></td>
</tr></table>
<font size="2" color="#FF0000">本網頁播放之音樂為YouTube音樂庫所提供的無版權配樂, 僅為教學示範
用</font>
</body>
</html>
```

Edge 4x | IE 12.x | Chrome 5x | Opera 4x | FireFox 5x

精選範例

範例	二階式郵遞區號查詢

設置目的	於網頁中提供郵遞區號的查詢服務

說明	■ 本案例所示範的是連動式下拉式選單互動，由「縣市」選單的被選取項目決定「鄉鎮區」選單的內容，「郵遞區號」欄位的內容則是由「縣市」、「鄉鎮區」選單的被選取項目索引所決定。 ■ 本案例成品除了可單純的作為郵遞區號查詢外，亦可應用於需要使用者填寫住址的場合，例如填寫會員資料、商品收貨地址等。

範例說明

網頁文件載入時（OnLoad）呼叫「initCountry」函數初始「縣市」選單的項目，當「縣市」選單的被選取項目改變時呼叫「changeZone」函數，依被選取項目的索引提取「zoneName」陣列元素資料作為「鄉鎮區」選單項目的資料內容。當「鄉鎮區」選單的被選取項目改變時呼叫「showZipCode」函數，依「縣市」、「鄉鎮區」選單的被選取項目索引提取對應的「zipCode」陣列元素資料輸出到「郵遞區號」欄位。

範例原始碼　　**Case_study_i.htm**

```
<!doctype html>
<html>
<head>
<meta charset="utf-8">
<title>二階式郵遞區號查詢</title>
<style>
TD {FONT-SIZE: 12px; COLOR: #666666; LINE-HEIGHT: 16px;}
</style>
<SCRIPT type="text/javascript">
//定義縣市,鄉鎮區,郵遞區號陣列與資料
countryName = new Array("臺北市", "基隆市", "新北市", "宜蘭縣", "新竹市", "新竹縣", "桃園市", "苗栗縣
", "臺中市", "彰化縣", "南投縣", "嘉義市", "嘉義縣", "雲林縣", "臺南市", "高雄市","澎湖縣", "屏東縣", "
臺東縣", "花蓮縣", "金門縣", "連江縣", "南海諸島", "釣魚台列嶼")

//定義縣市的鄉鎮區陣列與資料
zoneName = new Array(24)
//鄉鎮區"臺北市"
zoneName[0] = new Array("中正區","大同區","中山區","松山區","大安區","萬華區","信義區","士林區","北
投區","內湖區","南港區","文山區(木柵)","文山區(景美)")
//鄉鎮區"基隆市"
zoneName[1] = new Array("仁愛區","信義區","中正區","中山區","安樂區","暖暖區","七堵區")
//鄉鎮區"新北市"
zoneName[2] = new Array("萬里區","金山區","板橋區","汐止區","深坑區","石碇區","瑞芳區","平溪區","雙
溪區","貢寮區","新店區","坪林區","烏來區","永和區","中和區","土城區",
"三峽區","樹林區","鶯歌區","三重區","新莊區","泰山區","林口區","蘆洲區","五股區","八里區","淡水區
","三芝區","石門區")
//鄉鎮區"宜蘭縣"
zoneName[3] = new Array("宜蘭市","頭城鎮","礁溪鄉","壯圍鄉","員山鄉","羅東鎮","三星鄉","大同鄉","五
結鄉","冬山鄉","蘇澳鎮","南澳鄉")
~略~
//鄉鎮區"金門縣"
zoneName[20] = new Array("金沙鎮","金湖鎮","金寧鄉","金城鎮","烈嶼鄉","烏坵鄉")
//鄉鎮區"連江縣"
zoneName[21] = new Array("南竿鄉","北竿鄉","莒光鄉","東引")
//鄉鎮區"南海諸島"
zoneName[22] = new Array("東沙","西沙")
//鄉鎮區"釣魚台列嶼"
zoneName[23] = new Array("")

//定義鄉鎮區的郵遞區號陣列與資料
ZipCode = new Array(24);
//鄉鎮區"臺北市"
ZipCode[0] = new Array("100","103","104","105","106","108","110","111","112","114","115","116","117")
//鄉鎮區"基隆市"
ZipCode[1] = new Array("200","201","202","203","204","205","206")
//鄉鎮區"新北市"
ZipCode[2] = new Array("207","208","220","221","222","223","224","226","227","228","231","232","233",
"234","235","236","237","238","239","241","242","243","244","247","248","249","251","252","253")
~略~
ZipCode[21] = new Array("209","210","211","212")
//鄉鎮區"南海諸島"
```

```
ZipCode[22] = new Array("817","819","290")
//鄉鎮區"釣魚台列嶼"
ZipCode[23] = new Array("290")

//初始縣市選擇選單
function initCountry(){
    document.zipCodeForm.city.length = countryName.length+1
    for (i = 0; i < countryName.length; i++) {
            document.zipCodeForm.city.options[i].value = countryName[i]
            document.zipCodeForm.city.options[i].text = countryName[i]
    }
    document.zipCodeForm.city.options[countryName.length].value = countryName.length
    document.zipCodeForm.city.options[countryName.length].text = "請選擇"
    document.zipCodeForm.city.selectedIndex = countryName.length
    document.zipCodeForm.cityZone.length = 0
    document.zipCodeForm.zipNo.value =""
}

//當縣市改變時
function changeZone() {
    selectedCountryIndex = document.zipCodeForm.city.selectedIndex
    if (selectedCountryIndex != countryName.length){
    document.zipCodeForm.cityZone.length = zoneName[selectedCountryIndex].length
    for (i = 0; i < zoneName[selectedCountryIndex].length; i++) {
            document.zipCodeForm.cityZone.options[i].value = zoneName[selectedCountryIndex][i]
            document.zipCodeForm.cityZone.options[i].text = zoneName[selectedCountryIndex][i]
    }
    document.zipCodeForm.cityZone.selectedIndex = 0
    showZipCode()
    }else{
    initCountry()
    }
}

//輸出郵遞區號
function showZipCode() {
    document.zipCodeForm.zipNo.value =
    ZipCode[document.zipCodeForm.city.selectedIndex][document.zipCodeForm.cityZone.selectedIndex]
}
</SCRIPT>
</head>
<body onLoad="initCountry()"><center>
<form name="zipCodeForm">
<table cellspacing="3" cellpadding="2" border="0" width="450" background="img/zipbg.gif" height="40">
<tr>
<td width=110>郵遞區號：<input name="zipNo" size="5"></td>
<td width=80><img src="img/zip.gif"></td>
<td height="27"><div align="right">
<select name="city" onChange="changeZone()" size="1"></select>縣/市
<select name="cityZone" onChange="showZipCode()" size=1></select>鄉鎮區</td>
</div></td>
</tr></table></form>
<img src="img/p007.jpg">
</body></html>
```

Edge 4x | IE 12.x | Chrome 5x | Opera 4x | FireFox 5x

精選範例

範例　隨機廣告的浮動選單

設置目的	設置於網頁側邊的浮動廣告或功能選單

說明	■ 浮動式廣告是購物網站的最愛，無論網頁垂直捲動軸的位置在何處，瀏覽畫面中總會見到該浮動廣告。一般網站則喜歡設置浮動的選單，兩者道理相通。 ■ 本案例以浮動廣告為示範對象，廣告內容則採隨機方式，當瀏覽者進第一次進入網頁或重新整理時，廣告的內容將不一定相同。 ■ 廣告鏈結特效為：播出 / 滑鼠移出時，圖片加上 50% 透明度的 Alpha 濾鏡效果；滑鼠移入時，圖片加上 100% 透明度的 Alpha 濾鏡效果（原圖顯示）。此濾鏡效果 IE、Firefox 瀏覽器不相容，其餘主流瀏覽器皆可應用。

範例說明

網頁文件載入時（OnLoad）呼叫「iniMenuPosition」函數開始隨機配置1組廣告，並將廣告放置到指定的位置，然後呼叫「checkMenuPosition」函數。「checkMenuPosition」函數的作用為：依指定的時間間隔進行浮動廣告的位置檢查，若瀏覽畫面異動（垂直捲動軸位置異動）則進行浮動廣告的位置調整。

隨機載入廣告

捲動軸位置改變時，廣告圖片位置隨之移動

範例原始碼　Case_study_j.htm

```html
<html>
<head>
<meta charset="utf-8">
<title>隨機廣告的浮動選單</title>
<SCRIPT type="text/javascript">
checkTimer = 10 //選單的移動速度
menuTopPosition=100 //選單的垂直位置間格
menuLeftPosition=150 //選單的水平位置間格
menuWidth=150 //選單的寬度
bigFlag=false
//廣告圖片來源
imgSrc=new Array()
imgSrc[0]="img/a1.jpg"
imgSrc[1]="Img/a2.jpg"
imgSrc[2]="img/a3.jpg"
imgSrc[3]="img/a4.jpg"
imgSrc[4]="img/a5.jpg"
ImgSrc[5]="img/a6.jpg"
imgSrc[6]="img/a7.jpg"
imgSrc[7]="img/a8.jpg"
//廣告圖片的超鏈結
imgURL=new Array()
imgURL[0]="http://www.twbts.com"
imgURL[1]="http://forum.twbts.com"
imgURL[2]="http://valor.twbts.com"
imgURL[3]="http://www.twbts.com"
imgURL[4]="http://forum.twbts.com"
imgURL[5]="http://valor.twbts.com"
imgURL[6]="http://www.twbts.com"
imgURL[7]="http://forum.twbts.com"
//廣告圖片的替代説明
imgAlt=new Array()
imgAlt[0]="商品特價中"
imgAlt[1]="牛軋餅"
imgAlt[2]="有機包種茶"
imgAlt[3]="包種茶"
imgAlt[4]="有機桂花包種茶"
imgAlt[5]="有機蜜香紅茶"
imgAlt[6]="茶包"
imgAlt[7]="萃韻-桂花醬"
//廣告圖片的提示內容説明
imgTIT=new Array()
imgTIT[0]="商品特價中"
imgTIT[1]="原味，咖啡，抹茶，巧克力，蔓越莓，綜合"
imgTIT[2]="有機包種茶"
imgTIT[3]="包種茶"
```

```
imgTIT[4]="有機桂花包種茶"
imgTIT[5]="有機蜜香紅茶"
imgTIT[6]="純天然台灣茶"
imgTIT[7]="不含添加物及防腐劑"

//建立影像物件陣列,並將圖片檔案預先儲存物件內
imgArray=new Array()
for (x=0;x<=imgSrc.length-1;x++) {
            imgArray[x]=new Image()
            imgArray[x].src=imgSrc[x]
}

//初始選單
function iniMenuPosition(){
 menuArea.style.top = document.body.scrollTop + menuTopPosition
 menuArea.style.left = document.body.clientWidth - menuLeftPosition
 menuArea.style.width = menuWidth
 menuArea.style.visibility = "visible"

  num=Math.floor(Math.random() * imgSrc.length)
  menuArea.innerHTML = "<img src='img/booktop.gif'>"
  menuArea.innerHTML += "<a href='" + imgURL[num] +
  "' target='_blank'><img id='myPic' name='myPic' src='" +
  imgArray[num].src + "' border='0' width='120' alt='" +
  imgAlt[num] + "' title='" + imgTIT[num] +
  "' STYLE='-webkit-filter:Opacity(50%)'></a>"

 checkMenuPosition()
}

//異動選單位置
function checkMenuPosition(){
 var offsetY
 menuArea.style.left = document.body.clientWidth - menuLeftPosition
 menuTop = parseInt (menuArea.style.top, 10)
 menuToPosition = document.body.scrollTop + menuTopPosition

 if ( menuTop != menuToPosition )
 {
            offsetY = Math.ceil( Math.abs( menuToPosition - menuTop ) / 20 )
            if ( menuToPosition < menuTop )
            {
             offsetY = -offsetY
            }
            menuArea.style.top = parseInt (menuArea.style.top, 10) + offsetY
 }
 setTimeout ("checkMenuPosition()", checkTimer)
```

```
}

//滑鼠指標移入時
function mouse_in() {
 //document.myPic.style.filter="Alpha(Opacity=100)"
 document.myPic.style.WebkitFilter="opacity(100%)"
}

//滑鼠指標移出時
function mouse_out() {
 //document.myPic.style.filter="Alpha(Opacity=50)"
 document.myPic.style.WebkitFilter="opacity(50%)"
}
</SCRIPT>
</head>
<body onLoad="iniMenuPosition()">
<DIV id="menuArea" style="POSITION: absolute;" name="menuArea"
 onMouseOver="mouse_in()" onMouseOut="mouse_out()"></DIV>
<img src="img/p000.jpg"><br>
<Img src="Img/p001.jpg"><br>
<img src="img/p002.jpg"><br>
<img src="img/p003.jpg"><br>
<img src="img/p004.jpg"><br>
</body>
</html>
```

MEMO